中国主要重大生态工程固碳量评价丛书

重大生态工程固碳评价
理论和方法体系

刘国华　逯　非　伍　星　魏晓华　史作民　刘博杰等　著

科学出版社
北　京

内 容 简 介

　　本书针对生态工程固碳评价过程中的理论方法和认证体系等关键问题，以我国"三北"防护林体系建设，天然林资源保护，退耕还林（草），长江、珠江流域防护林体系建设，京津风沙源治理和退牧还草等六大生态工程为研究对象，在实地实验调查和文献收集的基础上，通过大量野外实测数据的综合分析，揭示了中国不同区域生态恢复过程中碳累积的分布规律，提出了提升重大生态工程碳增汇效益的技术途径和对策措施。本书主要介绍了以下几方面内容：我国重大生态工程及其固碳理论基础；重大生态工程固碳评价方法及其在江西省退耕还林等生态工程固碳评价中的应用；我国重大生态工程固碳认证的概念、方法、指标体系、调查方案和认证系统，及其在天然林资源保护和退耕还林（草）工程的固碳认证中的应用；重大生态工程固碳效益；重大生态工程固碳增汇措施与途径。

　　本书可为生态学等相关研究领域的科技人员提供关于生态工程固碳评价理论和方法研究方面的参考资料；对国家应对气候变化的战略行动计划实施和环境管理政策制定方面的相关人士也具有一定的参考价值；此外，本书也可作为相关领域的本科生和研究生的参考书。

图书在版编目（CIP）数据

重大生态工程固碳评价理论和方法体系／刘国华等著．—北京：科学出版社，2022.11

（中国主要重大生态工程固碳量评价丛书）

ISBN 978-7-03-073890-5

Ⅰ．①重…　Ⅱ．①刘…　Ⅲ．①生态工程–碳–储量–研究–中国　Ⅳ．①X171.4

中国版本图书馆 CIP 数据核字（2022）第 220310 号

责任编辑：张　菊／责任校对：樊雅琼
责任印制：吴兆东／封面设计：无极书装

科 学 出 版 社 出版

北京东黄城根北街 16 号
邮政编码：100717
http://www.sciencep.com

北京中科印刷有限公司 印刷

科学出版社发行　各地新华书店经销

*

2022 年 11 月第　一　版　开本：720×1000　1/16
2023 年 2 月第二次印刷　印张：14
字数：280 000

定价：158.00 元

（如有印装质量问题，我社负责调换）

丛 书 序 一

气候变化已成为人类可持续发展面临的全球重大环境问题，人类需要采取科学、积极、有效的措施来加以应对。近年来，我国积极参与应对气候变化全球治理，并承诺二氧化碳排放力争于 2030 年前达到峰值，努力争取 2060 年前实现碳中和。增强生态系统碳汇能力是我国减缓碳排放、应对气候变化的重要途径。

世纪之交，我国启动实施了一系列重大生态保护和修复工程。这些工程的实施，被认为是近年来我国陆地生态系统质量提升和服务增强的主要驱动因素。在中国科学院战略性先导科技专项及科学技术部、国家自然科学基金委员会和中国科学院青年创新促进会相关项目的支持下，过去近 10 年，中国科学院生态环境研究中心、中国科学院沈阳应用生态研究所等多个单位的科研人员针对我国重大生态工程的固碳效益（碳汇）开展了系统研究，建立了重大生态工程碳汇评价理论和方法体系，揭示了人工生态系统的碳汇大小、机理及区域分布，评估了天然林资源保护工程，退耕还林（草）工程，长江、珠江流域防护林体系建设工程，退牧还草工程和京津风沙源治理工程的固碳效益，预测了其未来的碳汇潜力。基于这些系统性成果，刘国华研究员等一批科研人员总结出版了"中国主要重大生态工程固碳量评价丛书"这一重要的系列专著。

该丛书首次通过大量的野外调查和实验，系统揭示了重大生态工程的碳汇大小、机理和区域分布规律，丰富了陆地生态系统碳循环的研究内容；首次全面、系统、科学地评估了我国主要重大生态建设工程的碳汇状况，从国家尺度为证明人类有效干预生态系统能显著提高陆地碳汇能力提供了直接证据。同时，该丛书的出版也向世界宣传了中国在生态文明建设中的成就，为其他国家的生态建设和保护提供了可借鉴的经验。该丛书中的翔实数据也为我国实现"双碳"目标以及我国参与气候变化的国际谈判提供了科学依据。

　　谨此，我很乐意向广大同行推荐这一有创新意义、内容丰富的系列专著。希望该丛书能为推动我国生态保护与修复工程的规划实施以及生态系统碳汇的研究发挥重要参考作用。

北京大学教授

中国科学院院士

2022 年 11 月 20 日

丛 书 序 二

　　生态系统可持续性与社会经济发展息息相关,良好的生态系统既是人类赖以生存的基础,也是人类发展的源泉。随着社会经济的快速发展,我国也面临着越来越严重的生态环境问题。为了有效遏制生态系统的退化,恢复和改善生态系统的服务功能,自20世纪70年代以来我国先后启动了一批重大生态恢复和建设工程,其工程范围、建设规模和投入资金等方面都属于世界级的重大生态工程,对我国退化生态系统的恢复与重建起到了巨大的推动作用,也成为我国履行一系列国际公约的标志性工程。随着国际社会对维护生态安全、应对气候变化、推进绿色发展的日益关注,这些生态工程将会对应对全球气候变化发挥更加重大的作用,为中国经济发展赢得更大的空间,在世界上产生深远的影响。

　　在中国科学院战略性先导科技专项及科学技术部、国家自然科学基金委员会和中国科学院青年创新促进会等相关项目的支持下,中国科学院生态环境研究中心、中国科学院沈阳应用生态研究所、中国科学院水利部水土保持研究所、中国科学院武汉植物园、中国科学院地理科学与资源研究所、中国科学院遗传与发育生物学研究所农业资源研究中心等单位的研究团队针对我国重大生态工程的固碳效应开展了系统研究,并将相关研究成果撰写成"中国主要重大生态工程固碳量评价丛书"。该丛书共分《重大生态工程固碳评价理论和方法体系》、《天然林资源保护工程一期固碳量评价》、《中国退耕还林生态工程固碳速率与潜力》、《长江、珠江流域防护林体系建设工程固碳研究》、《京津风沙源治理工程固碳速率和潜力研究》和《中国退牧还草工程的固碳速率和潜力评价》六册。该丛书通过系统建立重大生态工程固碳评价理论和方法体系,调查研究并揭示了人工生态系统的固碳机理,阐明了固碳的区域差异,系统评估了天然林资源保护工程,退耕还林(草)工程,长江、珠江流域防护林体系建设工程,退牧还草工程和京津风沙源治理工程的固碳效益,预测了其未来固碳的潜力。

　　该丛书的出版从一个侧面反映了我国重大生态工程在固碳中的作用，不仅为我国国际气候变化谈判和履约提供了科学依据，而且为进一步实现我国"双碳"战略目标提供了相应的研究基础。同时，该丛书也可为相关部门和从事生态系统固碳研究的研究人员、学生等提供参考。

中国科学院院士

中国科学院生态环境研究中心研究员

2022 年 11 月 18 日

丛 书 序 三

2030 年前碳达峰、2060 年前碳中和已成为中国可持续发展的重要长期战略目标。中国陆地生态系统具有巨大的碳汇功能，且还具有很大的提升空间，在实现国家"双碳"目标的行动中必将发挥重要作用。落实国家碳中和战略目标，需要示范应用生态增汇技术及优化模式，保护与提升生态系统碳汇功能。

在过去的几十年间，我国科学家们已经发展与总结了众多行之有效的生态系统增汇技术和措施。实施重大生态工程，开展山水林田湖草沙冰的一体化保护和系统修复，开展国土绿化行动，增加森林面积，提升森林蓄积量，推进退耕还林还草，积极保护修复草原和湿地生态系统被确认为增加生态碳汇的重要技术途径。然而，在落实碳中和战略目标的实践过程中，需要定量评估各类增汇技术或工程、措施或模式的增汇效应，并分层级和分类型地推广与普及应用。因此，如何监测与评估重大生态保护和修复工程的增汇效应及固碳潜力，就成为生态系统碳汇功能研究、巩固和提升生态碳汇实践行动的重要科技任务。

中国科学院生态环境研究中心、中国科学院沈阳应用生态研究所、中国科学院水利部水土保持研究所、中国科学院武汉植物园、中国科学院地理科学与资源研究所和中国科学院遗传与发育生物学研究所农业资源研究中心的研究团队经过多年的潜心研究，建立了重大生态工程固碳效应的评价理论和方法体系，系统性地评估了我国天然林资源保护工程，退耕还林（草）工程，长江、珠江流域防护林体系建设工程，退牧还草工程和京津风沙源治理工程的固碳效益及碳汇潜力，并基于这些研究成果，撰写了"中国主要重大生态工程固碳量评价丛书"。该丛书概括了研究集体的创新成就，其撰写形式独具匠心，论述内容丰富翔实。该丛书首次系统论述了我国重大生态工程的固碳机理及区域分异规律，介绍了重大生态工程固碳效应的评价方法体系，定量评述了主要重大生态工程的固碳状况。

巩固和提升生态系统碳汇功能，不仅可以为清洁能源和绿色技术创新赢得宝贵的缓冲时间，更重要的是可为国家的社会经济系统稳定运行提供基础性的能源安全保障，将在中国"双碳"战略行动中担当"压舱石"和"稳压器"的重要作用。该丛书的出版，对于推动生态系统碳汇功能的评价理论和方法研究，对于基于生态工程途径的增汇技术开发与应用，以及该领域的高级人才培养均具有重要意义。

值此付梓之际，有幸能为该丛书作序，一方面是表达对丛书出版的祝贺，对作者群体事业发展的赞许；另一方面也想表达我对重大生态工程及其在我国碳中和行动中潜在贡献的关切。

中国科学院院士

中国科学院地理科学与资源研究所研究员

2022 年 11 月 20 日，于北京

前　言

　　陆地生态系统碳循环与全球气候变化密切相关,在实现工业减排的基础上,增加陆地生态系统碳汇、减少陆地碳排放,是我国应对全球气候变化的必然战略选择。自 20 世纪 70 年代以来我国先后启动了一批重大生态恢复和建设工程,不仅明显改善了我国的生态环境,而且也具有显著的固碳效益。然而,由于生态工程的复杂性和长期性,目前许多评估指标还难以准确定量化,对其综合的固碳效益评价也还没有一个比较理想和公认的方法,因此,如何构建适合我国重大生态工程的固碳评价方法和认证体系,准确评价我国重大生态工程发挥的巨大固碳效益,并在辨析影响工程实施和固碳效果的自然、社会、经济与政策因素的基础上,提出有利于促进生态工程固碳效益的技术途径和对策措施,是目前我国生态工程建设急需解决的问题之一。

　　本书针对生态工程固碳评价过程中的理论方法和认证体系等关键问题,以我国“三北”防护林体系建设,天然林资源保护,退耕还林(草),长江、珠江流域防护林体系建设,京津风沙源治理和退牧还草等六大生态工程为研究对象,主要研究了以下几方面内容:①第 1 章,我国重大生态工程及其固碳理论基础。概述了生态工程的内涵和主要内容,回顾了我国重大生态工程的发展过程以及目前主要的重大生态工程情况,阐述了生态工程固碳理论基础。由刘国华、伍星、逯非和魏晓华撰写。②第 2 章,重大生态工程固碳评价方法。在梳理当前陆地生态系统固碳效益评价模型方法的基础上,提出了适合我国重大生态工程的碳清查和碳计量的方法,并构建了重大生态工程固碳量评价方法体系。由魏晓华、郑吉、王伟峰和刘苑秋撰写。③第 3 章,重大生态工程固碳评价方法的应用。主要基于重大生态工程固碳量评价方法体系,以江西省为例应用 CBM-CFS3 模型计算退耕还林(草)工程的固碳现状,并对退耕还林(草)工程实施以来的固碳效益进行评估。由魏晓华、郑吉、王伟峰和刘苑秋撰写。④第 4 章,我国重大生态工程固碳认证方法。重点介绍了固碳认证的相关概念及意义,构建了适合我国重大生态工程的固碳认证指标体系和调查方案,建立了重大生态工程认证系统。由逯非、刘博杰、王效科和刘魏魏撰写。⑤第 5 章,重大生态工程固碳认证案例研究。主要基于重大生态工程的固碳认证方法体系，对天然林资源保护和退耕还林（草）工程的固碳认证进行了研究。由刘博杰、逯非、张路和王效科撰写。⑥第6章，重大生态工程固碳效益研究。在概述我国生态工程固碳效益研究进展的基础上，综合评估了我国主要重大生态工程的固碳效益，并指出了当前存在的不足和重点关注的问题。由伍星和刘国华撰写。⑦第7章，重大生态工程固碳增汇措施与途径。在实地实验调查和文献收集的基础上，通过大量野外实测数据的综合分析，揭示了中国不同区域生态恢复过程中碳累积的分布规律，提出了提升重大生态工程碳增汇效益的技术途径和对策措施。由史作民、王卫霞和罗达撰写。全书由刘国华和逯非统稿。

本书是在中国科学院 A 类战略性先导科技专项"应对气候变化的碳收支认证及相关问题"项目"国家重大生态工程固碳量评价"（XDA05060000），国家自然科学基金项目"我国林农生态系统温室气体收支管理的净减排与可行性研究"（71874182）、"陆地生态系统固碳措施温室气体泄漏的识别和管控对策"（72174192）及中国科学院生态环境研究中心碳达峰碳中和生态环境技术专项（RCEES-TDZ-2021-8、RCEES-TDZ-2021-16）等研究的基础上系统整理而成。本书撰写过程中得到了中国科学院沈阳应用生态研究所、中国科学院地理科学与资源研究所、中国科学院水利部水土保持研究所、中国科学院武汉植物园、中国科学院遗传与发育生物学研究所和中国林业科学研究院森林生态环境与自然保护研究所等单位科研人员的大力支持，在此表示衷心感谢！

本书的写作目的是为国内相关研究领域的科技人员提供关于生态工程固碳评价理论和方法研究方面的参考资料，对国家应对气候变化的战略行动计划实施和环境管理政策制定具有一定的参考价值，也可作为相关领域研究生的参考书。鉴于生态工程固碳评价的复杂性以及作者知识和能力的限制，书中难免存在疏漏和不足之处，敬请读者不吝赐教！

作　者
2022 年 6 月

目　　录

| 第 1 章 | 我国重大生态工程及其固碳理论基础

1.1 我国重大生态工程概况

1.1.1 生态工程的内涵和主要内容

1.1.1.1 生态工程的内涵

20世纪60年代，美国著名生态学家 H. T. Odum 首先使用了生态工程（ecological engineering）一词，并对自然生态系统的调节与控制、自然环境的生态恢复，以及农业生态环境效益与评价等方面的理论与方法进行了开创性研究。他将生态工程定义为"为了控制生态系统，人类应用主要来自自然的能源作为辅助能对环境的控制""对自然的管理就是生态工程"（马世骏，1983）。中国著名生态学家马世骏从70年代开始结合中国的国情，开展了生态工程理论、方法及其应用研究，创建了适合中国国情的生态工程学说，并提出了以"整体、协调、循环、自生"为核心的生态工程概念、理论与方法体系。1983年生态工程领域的奠基之作《人和自然的能量基础》一书出版，作者在该书中修订了生态工程的定义，即"设计和实施经济与自然协调的工艺和技术"。80年代初期欧洲生态学家 Uhlmann、Straskraba 与 Gnamck 等提出了"生态工艺技术"的概念，将它作为生态工程的同义词，并定义为"根据对生态学的深入了解，采用花最小代价的措施，对环境的损害又最小的环境管理技术"。1989年，由美国、中国、丹麦等国家的生态学家合作出版了第一本生态工程的专著 *Ecological Engineering: An Introduction to Ecotechnology*，该书较系统地阐述了生态工程的研究对象、理论方法及一些问题，自此，生态工程学正式成为一门学科。1993年，美国的 Mitsch 将生态工程定义为"为了人类社会及自然环境二者的利益，而对人类社会及自然环境进行综合的而且可持续的生态系统管理。它包括开发、设计、建立和维持新的生态系统，以期达到诸如污水处理、地面矿渣和废弃物的回收、海岸带保护等"（王礼先等，2000）。

1987年，马世骏将生态工程定义为"生态工程是利用生态系统中物种共生与物质循环再生原理及结构与功能协调原则，结合结构最优化方法设计的分层多级利用物质的生产工艺系统。生态工程的目标是在促进自然界良性循环的前提下，充分发挥物质的生产潜力，防止环境污染，达到经济效益与生态效益同步发展"。王如松1997年在《中国科学报》海外版发表的《生态工程与可持续发展》一文中指出："生态工程是一门着眼于生态系统的持续发展能力的整合工程技术。它根据生态控制论原理去系统设计、规划和调控人工生态系统的结构要素、工艺流程、信息反馈关系及控制机构，在系统范围内获取高的经济和生态效益。生态工程强调资源的综合利用、技术的综合组合、科学的边缘交叉和产业的横向结合，是中国传统文化与西方现代技术有机结合的产物。"云正明和刘金铜（1998）认为："生态工程是应用生态学、经济学的有关理论和系统论的方法，以生态环境保护与社会经济协同发展为目标，对人工生态系统、人类社会生态环境和资源进行保护、改造、治理、调控和建设的综合工艺技术体系或工艺过程。"

由于生态工程是一个较新的学科领域，在国内外正式开展实质性的试验研究工作只有几十年的时间。如以上所述，国内外许多专家学者已经对生态工程的定义作了大量的研究和探讨，但是，至今尚未能给出一个公认的完整定义。因此，有关生态工程的定义，尚处于广泛讨论和探索阶段，对于它的准确和完整的定义，尚待进一步完善（王礼先等，2000）。

1.1.1.2 生态工程的主要内容

生态工程的主要内容包括以下几个方面。

（1）生态经济系统的分析与评价：生态工程的对象是某一区域（或流域）的生态经济系统。生态工程的实施不但要清楚实施对象所处的自然环境，同时还要了解它们所处的社会经济条件。

（2）生物种群的选择：生物种群和由生物种群组成的生物群落是生态系统的主要组成部分，生态工程的生物种群选择，首先要根据当地的自然环境特征，选择适生品种。在众多的适生品种中，再根据社会经济环境条件，进行最佳生物品种选择。

（3）生物群落结构匹配：根据生态学原理，一个生态系统的生物群落越复杂，它的生物生产力就越高，稳定性就越强。生态工程的生物群落结构匹配包括生物群落的平面结构匹配与垂直结构匹配两个基本部分。

（4）环境因子的调控和改良：环境因子包括水、土、光照、热量、营养物质等要素。环境因子调控体现了人类活动对生物群落环境因子的改良作用。改变一些不利于生物的环境因子，促使人工生物群落能够顺利生长发育。

（5）生物与环境的节律调控：每一种生物的生长发育都有其特定的机能节律。在生态工程的设计与实施过程中，合理调整生物的机能节律与环境因子的时间节律，可以提高生物种群的生产力。

（6）食物链的"加环"与"解链"：食物链的"加环"是根据物质、能量通过食物链发生"浓集"以及生物之间相生相克原理，以人工生物种群来代替自然生物种群，从而达到废弃物的多极综合利用，增加产品生产和抑制能量、物质损失的生物工艺过程。在污染环境的有害物质浓集到一定程度之前，及时断绝其进入生态系统或人体的通道，这种工艺技术被称为食物链"解链"。在生态工程领域，一切物质都是可以供人类直接或间接利用的，所有废品或废弃物实际上是一些"放错了位置或没有能够充分利用的资源"。

（7）生物产品加工：生物产品加工与食物链原理具有相同或相似的含义，它可以增加高能量或高价值的产品生产。

（8）生态工程效益预评估：效益预评估是预测生态工程合理与否的重要步骤。生态工程效益预评估主要包括生态效益、经济效益与社会效益三个方面。

1.1.2　我国重大生态工程的发展过程

我国已有数千年生态工程实际应用的历史，"垄稻沟鱼""桑基鱼塘"等就是相当成熟的生态工程模式。然而，中华人民共和国成立后，特别是改革开发以来，我国的生态恢复和建设工程才进入真正的发展阶段，并且是以林业生态工程为主。半个多世纪以来的我国生态恢复和建设工程发展可以分为以下四个阶段。

（1）第一阶段——起步阶段（20世纪60年代初至60年代中期）：中华人民共和国成立后，在"普遍护林、重点造林"的方针指导下，我国由北向南相继开始营造各种防护林，包括防风固沙林、农田防护林、沿海防护林和水土保持林等。虽然这一阶段各地陆续开展了各种类型的防护林建设，但营造的林分树种单一、目标简单、缺乏全国统一规划、范围较小，难以形成区域和整体效果。

（2）第二阶段——停滞阶段（20世纪60年代中期至70年代后期）：这一阶

段，我国生态恢复和建设工程建设速度放慢甚至完全停滞，有些先期已经营造的工程措施也遭到一定程度的破坏，致使一些地区已经固定的沙丘重新移动，已经治理的盐碱地重新盐碱化。

（3）第三阶段——体系建设阶段（20 世纪 70 年代后期至 90 年代后期）：改革开放以来，我国生态恢复和建设工程出现了新的发展形势，步入了"体系建设"的新阶段，改变了过去单一生产木材的传统思维，采取生态与经济并重的战略方针，在加快林业产业体系建设的同时，狠抓林业生态体系建设，先后确立了以遏制水土流失、改善生态环境、扩大森林资源等为主要目标的十大生态恢复和建设工程（表 1-1），其规划区总面积达 705.6 万 hm²，占陆地总面积的 73.5%，覆盖了我国的主要水土流失区、风沙侵蚀区，以及台风、盐碱危害区等生态环境最为脆弱的地区，构成了我国生态恢复和建设工程的基本框架（李世东，1999）。20 世纪 90 年代中后期，我国又针对生态建设中出现的突出问题，尤其是对 1998 年长江、松花江和嫩江流域特大洪涝灾害的深刻反思，陆续实施了速生丰产林基地、京津周围绿化、野外动植物保护工程、天然林保护、退耕还林、环北京地区防沙治沙和绿色通道建设等生态工程。在世纪之交，我国生态恢复和建设工程数量达到 16 个。但由于这些工程是在不同历史条件下，针对不同问题，根据不同需要，按照不同审批程序启动的，缺乏宏观的考虑和布局，在具体实施中也暴露出了不少问题（李世东和翟洪波，2002）。

（4）第四阶段——系统整合和平稳发展阶段（21 世纪初至今）：21 世纪初，我国从国民经济和社会发展对林业的客观需求出发，对以往实施的生态恢复和建设工程进行了系统整合，相继实施了天然林资源保护工程、退耕还林工程、"三北"和长江中上游地区等防护林体系建设工程、京津风沙源治理工程、野生动植物保护和自然保护区建设工程、重点地区速生丰产用材林基地建设工程等六大生态恢复和建设重点工程。这是对我国林业生产力布局和生态资源保护进行的一次重大战略性调整。2002 年底，国家根据全国草地退化趋势不断扩大的实际情况，综合整个生态系统的发展变化规律，启动了退牧还草工程。该工程主要是通过围栏建设、禁牧、休牧、划区轮牧、补播改良等措施，解决超载过牧问题，改善和恢复草原生态环境，提高草原生产力，转变草原生产方式，促进草原生态与畜牧业协调发展。以上 7 个生态恢复和建设重点工程无论是从工程范围、建设规模，还是从投入资金上，都堪称世界级的大工程，其实施对中国退化生态系统的恢复与重建起到了巨大的推动作用。

表 1-1 20 世纪后期中国的十大生态恢复和建设重点工程

序号	工程名称	启动年份	工程范围
1	"三北"防护林体系建设工程	1978	包括陕西、甘肃、河北、天津、北京、山西、辽宁、吉林、黑龙江、内蒙古、宁夏、青海、新疆 13 个省（自治区、直辖市）的 551 个县（旗、市、区）及新疆生产建设兵团，规划区总面积为 406.9 万 km^2，占全国陆地面积的 42%
2	长江中上游防护林体系建设工程	1989	包括云南、贵州、四川、甘肃、青海、陕西、河南、湖北、湖南、江西、安徽和重庆 12 个省（直辖市）的 271 个县，规划区总面积为 3408 万 hm^2
3	沿海防护林体系建设工程	1988	北起中朝边界的鸭绿江口，南至中越边界的北化河口，范围涉及辽宁、河北、天津、山东、江苏、上海、浙江、福建、广东、广西、海南 11 个省（自治区、直辖市）的 195 个县（市、区），海岸线总长 1.8 万 km
4	平原绿化工程	1988	以东北、华北、长江中下游和珠江三角洲等平原为主体，涉及 918 个县（旗、市），占全国总县数的 45%，是我国商品粮棉油主要生产基地
5	太行山绿化工程	1986	涉及山西、河北、河南、北京 4 个省（直辖市）的 110 个县
6	全国防沙治沙工程	1991	涉及内蒙古等 27 个省（自治区、直辖市）的 599 个县（旗）
7	淮河、太湖流域综合治理防护林体系建设工程	1995	涉及河南、安徽、江苏、山东、浙江、湖北、上海 7 个省（直辖市）的 208 个县（市）
8	珠江流域综合治理防护林体系建设工程	1996	涉及云南、贵州、广西、广东 4 个省（自治区）的 177 个县（市）
9	辽河流域防护林体系建设工程	1996	涉及河北、内蒙古、吉林、辽宁 4 个省（自治区）的 77 个县（旗、市）
10	黄河中游防护林体系建设工程	1995	涉及河南、陕西、甘肃、宁夏、山西、内蒙古等黄河中游地区的 6 个省（自治区）的 188 个县（旗、市）

1.1.3 我国主要重大生态恢复和建设工程简介

1.1.3.1 天然林资源保护工程

1998 年洪涝灾害后，针对天然林资源长期过度消耗而引起生态环境恶化问题，国家从社会经济可持续发展战略高度出发，确定实施天然林资源保护工程

（简称天保工程），1998～1999 年在工程区进行试运行，2000 年国务院正式批准《长江上游、黄河上中游地区天然林资源保护工程实施方案》和《东北、内蒙古等重点国有林区天然林资源保护工程实施方案》，天保工程正式实施。

工程实施范围主要包括长江上游、黄河上中游地区和东北、内蒙古等重点国有林区，以及重点国有森工企业、具有重要生态地位的地方森工企业、国有林场、集体林场，共涉及 17 个省（自治区、直辖市）724 个县、160 个重点企业和 14 个自然保护区等。其中长江上游地区以三峡库区为界，包括云南、四川、贵州、重庆、湖北和西藏 6 个省（自治区、直辖市），工程区涉及 348 个县（市）；黄河上中游地区以小浪底库区为界，包括陕西、甘肃、青海、宁夏、内蒙古、山西和河南 7 个省（自治区），工程区涉及 328 个县（市）；东北、内蒙古等重点国有林区包括内蒙古、吉林、黑龙江、海南和新疆 5 个省（自治区）的国有林业局和国有林场，工程区涉及 76 个县（市）。

根据工程所在各行政区域统计面积，按自下而上原则进行合并统计，工程区内林业用地面积 269.55 万 km^2，占我国陆地面积的 28.1%。天保工程区有林地面积为 72.92 万 km^2，其中重点国有林区天保工程有林区面积为 34.36 万 km^2，黄河上中游天保工程区有林地面积为 9.65 万 km^2，长江上游天保工程区有林地面积为 28.91 万 km^2（图 1-1）。天保工程区的天然林面积为 56.4 万 km^2，占全国天然林面积的 53%。

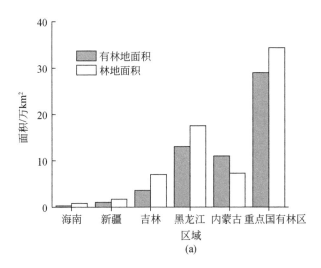

(a)

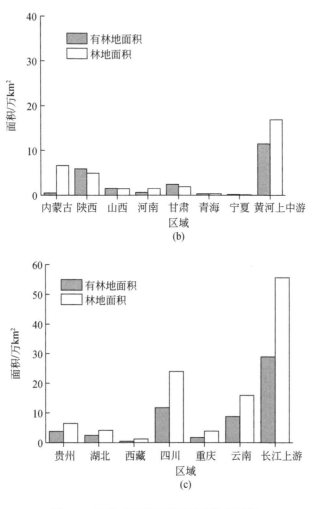

图 1-1 天保工程区不同区域有林地面积

按天保工程实施方案，天保工程一期为 2000~2010 年。工程内容主要分为森林区划、生态公益林建设、商品林建设、转产项目建设、人员分流以及工程保障体系建设等六大任务。目的是实现木材生产由主要采伐利用天然林向经营利用人工林的方向转变。其中东北、内蒙古等重点国有林区包括森林分类区划、木材产量调减、森林资源管护、富余人员安置、木材供需问题解决、基本养老与政社支出补助等内容，林业活动主要是木材产量调减和森林资源管护；长江上游、黄河上中游地区包括全面停止天然林采伐、森林资源管护、森林防火设施建设、宜林荒山荒地造林种草、种苗供应基地建设、科技支撑体系建设、富余人口安置、基本养老和政社性支出补助等内容，其林业活动主要是宜林荒山荒地造林种草。

天保工程以从根本上遏制生态环境恶化，保护生物多样性，促进经济、社会可持续发展为宗旨；以对天然林的重新分类和区划，调整森林资源经营方向，促进天然林资源的保护、培育和发展为措施；以维护和改善生态环境，满足社会和国民经济发展对林产品的需求为根本目的。对划入生态公益林的森林实行严格管护，坚决停止采伐，大力开展营造林建设；加强多资源综合开发利用，调整和优化林区经济结构；以改革为动力，用新思路、新方法，广辟就业门路，妥善分流安置富余人员，解决职工生活问题；进一步发挥森林的生态屏障作用，保障国民经济和社会的可持续发展。

1.1.3.2 退耕还林（草）工程

根据《国务院关于进一步做好退耕还林还草试点工作的若干意见》（国发〔2000〕24号）、《国务院关于进一步完善退耕还林政策措施的若干意见》（国发〔2002〕10号）和《退耕还林条例》的规定，原国家林业局在深入调查研究和广泛征求各有关省（自治区、直辖市）、有关部门及专家意见的基础上，按照国务院西部地区开发领导小组第二次全体会议确定的2001~2010年退耕还林1467万hm^{2}的规模，会同国家发展和改革委员会、财政部、国务院西部地区开发领导小组办公室、原国家粮食局编制了《退耕还林工程规划》（2001~2010年）。退耕还林工程是我国乃至世界上投资最大、政策性最强、涉及面最广、群众参与程度最高的一项重大生态工程，为我国在世界生态建设史上写下绚烂的一笔。退耕还林工程就是从保护和生态环境出发，将水土流失严重的耕地，沙化、盐碱化、石漠化严重的耕地以及粮食产量低而不稳的耕地，有计划、有步骤地停止耕种，因地制宜地造林种草，恢复植被。

工程建设范围包括北京、天津、河北、山西、内蒙古、辽宁、吉林、黑龙江、安徽、江西、河南、湖北、湖南、广西、海南、重庆、四川、贵州、云南、西藏、陕西、甘肃、青海、宁夏、新疆等25个省（自治区、直辖市）和新疆生产建设兵团，共1897个县（含市、区、旗）（图1-2）。根据因害设防的原则，按水土流失和风蚀沙化危害程度、水热条件及地形地貌特征，将工程区划分为10个类型区，即西南高山峡谷区、川渝鄂湘山地丘陵区、长江中下游低山丘陵区、云贵高原区、琼桂丘陵山地区、长江黄河源头高寒草原草甸区、新疆干旱荒漠区、黄土丘陵沟壑区、华北干旱半干旱区、东北山地及沙地区。同时，根据突出重点、先急后缓、注重实效的原则，将长江上游地区、黄河上中游地区、京津风沙源区，以及重要湖库集水区、红水河流域、黑河流域、塔里木河流域等地区的 856 个县作为工程建设重点县。

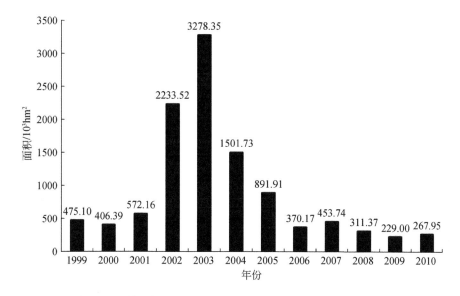

图 1-2　退耕还林工程（1999～2010 年）各年度实施面积情况
（退耕地造林和宜林荒山荒地造林）

工程建设的目标和任务是：到 2010 年，完成退耕地造林 1467 万 hm^2，宜林荒山荒地造林 1733 万 hm^2（两类造林均含 1999～2000 年退耕还林试点任务），陡坡耕地基本退耕还林，严重沙化耕地基本得到治理，工程区林草覆盖率增加 4.5 个百分点，工程治理地区的生态状况得到较大改善。按照行政区域划分，中国 34 个省（自治区、直辖市、特别行政区）可以划分为六大区域：东北、华北、华东、中南、西南、西北。东北地区包括黑龙江、吉林、辽宁；华北地区包括北京、天津、河北、山西、内蒙古；华东地区包括上海、山东、江苏、浙江、安徽、福建、江西、台湾；中南地区包括河南、湖北、湖南、广东、广西、海南、香港、澳门；西南地区包括重庆、四川、贵州、云南、西藏；西北地区包括陕西、甘肃、青海、宁夏、新疆。我国六大区域退耕地造林和宜林荒山荒地造林情况见图 1-3。

1.1.3.3　"三北"防护林体系建设工程

"三北"防护林体系建设工程（以下简称三北工程）是一项在我国北方实施

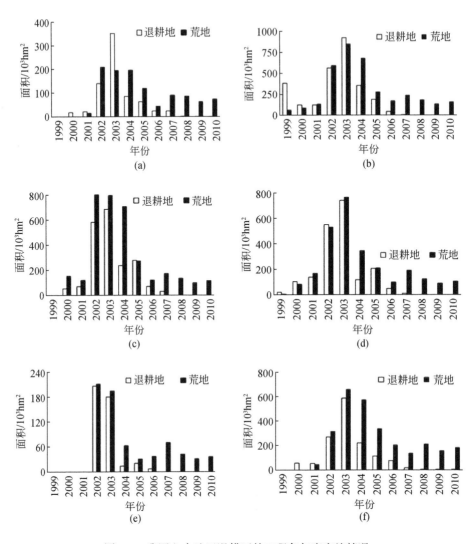

图 1-3 我国六大地区退耕还林工程各年度实施情况

（a）东北地区；（b）西北地区；（c）华北地区；（d）西南地区；（e）华东地区；（f）中南地区

的宏伟生态建设工程，它是我国林业发展史上的伟大壮举，是人类历史上规模最宏大、时间跨度最长的一次改造自然的行动。1978 年 11 月，党中央、国务院站在中华民族生存和发展战略高度，作出了在我国风沙危害和水土流失严重的西北、华北、东北地区建设防护林体系工程的重大战略决策（国家林业局，2008；Wang et al.，2010）。三北工程建设范围西起新疆的乌孜别里山口，东至黑龙江宾县，东西长 4480km，南北宽 560 ~ 1460km。包括北京、天津、河北、山西、内蒙古、辽宁、吉林、黑龙江、陕西、甘肃、青海、宁夏、新疆等 13 个省（自治区、直辖市）的 551 个县（旗、市、区），建设总面积为 406.9 万 km²，占我国陆地总面积的 42.4%（朱教君等，2015）。

经过 30 年的持续建设（1978～2008 年），三北工程建设取得举世瞩目的建设成就。沙漠化蔓延趋势开始得到遏制，水土流失面积和侵蚀强度大幅度下降，基本农田得到有效庇护（姜凤岐等，2009）。在东起黑龙江宾县、西至新疆乌孜别里山口的万里风沙线上，初步建起了一道乔灌草、多林种、多树种有机结合的防护林体系，形成了一座蔚为壮观的"绿色长城"，使三北地区的生态状况显著改善，为维护国家生态安全发挥了重要作用（李育材，2007；国家林业局，2008；刘冰等，2009）。

如此巨量、重要的防护林，其碳储量无疑在中国乃至世界人工林碳储量中占据重要地位。然而，综观国内外的研究结果，目前关于三北工程及其工程建设区碳储量动态的研究仍鲜有报道。因此，有必要开展"三北"防护林碳储量的评估研究。开展"三北"防护林的碳储量研究，既可准确评价防护林工程在增加中国森林碳储量上的贡献，也可为今后的林业碳汇项目建设提供实践指导和理论参考。研究结果不仅可以评价三北工程的生态环境效益，明确三北工程的固碳量，提供生态地理区森林生态系统碳循环研究的基础数据，还可为今后"三北"防护林建设方向的调整、低产林的改造、经营管理方针的制定等一系列举措提供科学依据，从而促使"三北"防护林碳汇功能的永久、可持续发挥（朱教君等，2015）。

1.1.3.4　长江、珠江流域防护林体系建设工程

1989 年，中国政府批准了长江中上游防护林体系建设一期工程总体规划，规划至 2000 年新增森林面积 667 万 hm²，并计划用 30～40 年，在保护好现有森林植被基础上，大力植树造林，增加森林面积 2000 万 hm²。长江流域防护林体系建设一期工程在长江中上游地区的 12 个省（直辖市）271 个县（市、区）全面实施，突出建设了三峡库区、金沙江两岸云贵高原、川中地区、嘉陵江上游地区、丹江库区汉水上游、湘鄂西地区、湘南地区、赣东北地区、赣中南地区、皖西南地区十大重点区域。长江流域防护林体系建设二期工程（2001～2010 年）建设范围包括长江、淮河、钱塘江流域的汇水区域，涉及青海、西藏、甘肃、四川、云南、贵州、重庆、陕西、湖北、湖南、江西、安徽、河南、山东、江苏、浙江、上海 17 个省（直辖市）的 1033 个县（市、区）。规划造林任务 687.72 万 hm²。其中

人工造林313.24 万 hm^2，封山育林348.03 万 hm^2，飞播造林26.45 万 hm^2（国家林业局，2005）。

长江流域防护林体系建设二期工程将工程区划分为16个治理区：江源高原高山生态保护水源涵养区、秦巴山地水土保持治理区、四川盆地低山丘陵水土保持治理区、攀西滇北山地水土保持治理区、乌江流域石质山地水土保持治理区、三峡库区水土保持库岸防治区、沂蒙山地丘陵水土保持治理区、黄淮平原水保堤岸防治区、伏牛山武当山水涵区、大别山桐柏山江淮丘陵水土保持治理区、长江中下游湖滨堤岸防治区、雪峰山武陵山山地水源涵养治理区、幕阜山山地水土保持治理区、天目山地丘陵水土保持治理区、湘赣浙丘陵水土保持治理区、南岭山地水源涵养治理区。

珠江是我国七大江河之一。珠江流域含西江、北江、东江及珠江三角洲诸河。跨越云南、贵州、广西、广东、湖南、江西6个省（自治区）和香港、澳门特别行政区。流域总面积45.37 万 km^2，我国境内面积44.21 万 km^2，占全国陆地面积的4.6%。流域耕地面积占全国耕地面积的3.5%，人口占全国总人口的7.7%。流域内主要自然灾害有水土流失、洪水灾害、热带气旋及风暴潮灾害。1994年华南特大水灾引起了党和国家的高度重视，林业部编制了《珠江流域综合治理防护林体系建设工程总体规划（1993~2000）》。1996年林业部启动实施了珠江流域防护林体系一期工程建设。2001年国家林业局实施了珠江流域防护林体系二期工程建设。珠江流域防护林体系二期工程建设范围涉及云南、贵州、广东、广西、湖南、江西6个省（自治区）的187个县（市、区），规划总面积4049.17 万 hm^2；规划2001~2010年造林227.87 万 hm^2，其中人工造林87.5 万 hm^2、封山育林137.2 万 hm^2、飞播造林3.1 万 hm^2。规划低效防护林改造99.76 万 hm^2。根据工程规划，工程区划分为5个治理区：南、北盘江流域水源涵养、水土流失及石漠化治理区，左、右江流域水土流失及石漠化治理区，红水河流域水源涵养、水土流失及石漠化治理区，珠江中下游水土流失治理区，东、北江流域水源涵养、水土流失治理区。

1.1.3.5　京津风沙源治理工程

20世纪90年代以来，我国北方地区沙尘暴频发，特别是2000年春季，我国北方地区连续发生12次较大的浮尘、扬沙和沙尘暴天气，其中多次影响首都。为改善和优化京津及周边地区生态环境状况，遏制沙化扩展趋势，治理沙化土地，党中央、国务院高度重视，及时作出遏制生态恶化、开展环京津生态工程建设的决定，于 2000 年 6 月开始试点，并取得初步成效。2002 年 3 月，经国务院批准后，五部委联合下发《京津风沙源治理工程规划（2001 ~ 2010 年)》，至此，京津风沙源治理工程全面展开。2008 年，经国务院批准，工程一期建设延长至 2012 年。

京津风沙源治理工程区西起内蒙古的达茂旗，东至河北平泉市，南起山西代县，北至内蒙古东乌珠穆沁旗，地理坐标为东经 109°30′ ~ 119°20′、北纬 38°50′ ~ 46°40′，范围涉及北京、天津、河北、山西、内蒙古 5 个省（自治区、直辖市）的 75 个县（旗、市、区），总面积 45.8 万 km²，其中沙化土地面积 10.18 万 km²。

建设区东西横跨近 700km，南北纵跨约 600km；海拔从东南部的不足 50m 向西北方向急剧升高，至阴山山脉，升至 2000m 以上，然后向北又呈递降趋势，至二连浩特尚不足 1000m，悬殊的地貌类型形成不同的气候、土壤、植被地带。为了合理布局工程建设内容，依据生物气候带的分布规律和区域尺度的地貌类型差异，将建设区域划分为 4 个类型区和 8 个植被类型亚区，即北方干旱草原治理区（包括荒漠草原亚区、典型草原亚区）、浑善达克沙地治理区（包括浑善达克沙地亚区、大兴安岭南部亚区、科尔沁沙地亚区）、农牧交错带沙化治理区（包括农牧交错带草原亚区、晋北山地丘陵亚区）、燕山丘陵水源保护区。

京津风沙源治理工程在切实加强现有林草植被保护和管理的基础上，本着因地制宜，因害设防，宜乔则乔、宜灌则灌的原则以及生物、工程措施相结合的方式，采取以林草植被建设为主的综合治理措施。到 2010 年，工程建设已累计完成退耕还林和造林 9002 万亩[①]，草地治理 1.3 亿亩，暖棚 973 万 m²，饲料机械 11.4 万套，生态移民 17 万多人，水保项目完成小流域综合治理 1.2 万 km²，节水灌溉和水源工程共 16.5 万处，初步建立了京津地区生态防护体系，使工程区可治理的沙化土地得到基本治理，生态环境明显好转，风沙天气和沙尘暴天气明显减少，从总体上遏制了沙化土地的扩展趋势，使北京及其周围生态环境得到明显改善。

1.1.3.6 退牧还草工程

退牧还草工程是国家根据全国草地退化趋势不断扩大的实际情况，综合整个生态系统的发展变化规律，于 2002 年底启动的一项重大生态建设工程，工程旨在利用草地生态系统的自我修复能力来加快自然植被恢复（王艳艳等，2009）。

---

① 1 亩≈666.7m²，下同。

实施天然草原退牧还草工程的指导思想是，生态治理与经济发展并重，积极进行草地建设；因地制宜，宜禁则禁，宜休则休，宜轮则轮。退牧还草工程的主要目的是通过围栏建设、禁牧、休牧、划区轮牧、补播改良等措施，解决超载过牧问题，改善和恢复草原生态环境，提高草原生产力，转变草原生产方式，促进草原生态与畜牧业协调发展。退牧还草工程是退化生态恢复理论在退化草地生态系统上的借鉴和尝试，是草地生态系统生产力恢复的核心工程。

退牧还草工程措施包括禁牧、休牧、划区轮牧和补播改良四种类型。禁牧是指通过建设草原网围栏的方式，对草地施行一年以上的禁止放牧利用，通过自然界自身代谢能力实现退化草地生态系统重新修复的一种管理措施；休牧是指一定时间内（短期）让放牧活动从退化草地和生态脆弱区退出的草地管理措施，按照牧草利用率不超过 40% 的原则严格控制草地载畜量进行有序利用，将超过载畜量的草场按要求严格减畜；划区轮牧是指按照牧草生长速率、产草量及放牧牲畜数量将草场划分为若干小区，规定放牧顺序、放牧周期和分区放牧时间的管理方式；补播改良是指通过单播、混播等多种方式播种适应于当地自然气候条件、营养含量较高的优质牧草，从而实现增加退化、低产草地覆盖度和产草量的草地改良措施。

退牧还草工程的规划目标和重点范围是，从 2003 年起，用 5 年时间，在内蒙古、甘肃、宁夏西部荒漠草原，内蒙古东部退化草原，新疆北部退化草原和青藏高原东部江河源草原，先期集中治理 10 亿亩（约合 0.67 亿 hm²），约占西部地区严重退化草原的 40%；2003 年开始进行试点工作，2004 年进行进一步完善，从 2005 年开始全面开展，力争 5 年内使工程区内退化的草原得到基本恢复，天然草场得到休养生息，达到草畜平衡，实现草原资源的永续利用，建立起与畜牧业可持续发展相适应的草原生态系统。表 1-2 为退牧还草工程区内各省（自治区）实施的工程面积与资金投入情况。

表 1-2　退牧还草工程实施概况（截至 2013 年）

项目		省（自治区）								合计
		内蒙古	四川	云南	西藏	青海	甘肃	宁夏	新疆	
工程面积 /万 hm²	围栏建设	1 738	815	35	636	883	734	155	1 360	6 358
	草地补播	423	202	17	196	219	191	46	362	1 657
总资金投入/万元		463 413	262 016	32 329	225 664	285 066	225 216	47 043	369 200	1 909 947

注：因四舍五入，合计略有出入。

1.2 生态工程固碳理论基础

生态恢复和建设工程的固碳效益主要包括保持和增加工程实施区内生态系统的植被和土壤中各种含碳有机物或无机物的含量等方面。提高生态恢复和建设工程固碳能力除了维持和增加高碳密度陆地生态系统的面积以外，还可以利用植物生长的自然规律，通过人为干预措施促进陆地生态系统的恢复或成熟，从而增加工程实施区内的碳储量。然而，生态系统恢复和重建过程中的碳固定不仅取决于环境条件，也受植物生长发育过程、植被演替阶段以及群落叶面积及其功能状态的影响。在通常的气候和土壤条件下，生态系统的固碳速率有其自然的季节和年际的动态变化规律，但这些自然的规律和特征也会受生态系统类型、区域性环境条件及人为干扰措施等因素的影响。由此可见，生态恢复和建设工程的固碳效益计量是一项非常复杂的工作，不仅需要跨学科、跨区域和部门的科学家以及管理者之间展开广泛的合作交流与资源共享，还需要固碳计量方法、数据分析和模型工具等的不断发展，更需要覆盖范围大、延续时间长、连续性好的长期碳循环观测研究提供数据支持。

目前，对生态恢复和建设工程固碳效益的计量主要是依据生态系统原生演替和次生演替原理。例如，对造林、再造林的固碳效益计量主要利用次生演替过程中的碳储量变化规律进行评估，而对于矿山恢复、沙漠化地区的植被恢复等，则主要是利用原生演替的规则。然而在这两种不同的演替模式下，生态系统的生产力和碳积累的动态过程具有较大的差别，形成两种不同的碳积累及固碳速率的动态变化模式（于贵瑞等，2013）。

原生演替又称为初生演替，是指在一个从来没有被植物覆盖的地面，或者是原来存在植被，但后来被彻底消灭了的地方的演替。在生态系统受到一次大的干扰（如火山爆发、冰期、采矿等）成为裸露地之后，由于原来的大多数植物死亡，其生境会被一些外界分布的先锋性植物所占领，开始其漫长的植被演替过程，在不同演替阶段优势种群会不断变化，逐渐地使生态系统由移植动态控制的群落向资源竞争控制的群落发展，最后形成相对稳定的顶级群落生态系统（Chapin et al.，2002）。在特定的生态区域内，大多只有一种或少数几种演替途径占优势，但在一些特殊情况下存在多样化的演替途径也是可能的。

次生演替是指在原有植被虽已不存在，但原有土壤条件基本保留，甚至还留下了植物的种子或其他繁殖体（如能发芽的地下茎等）的地方发生的演替，如火灾过后的草原、过量砍伐的森林、弃耕的农田上进行的演替。次生演替与原生演替的不同在于干扰过后的生境很快就会有现有的先锋特种移植。次生演替的一个特点是可能从干扰后存活的根或茎萌生，或从土壤种子库萌发；其另一个特点是初始碳库及碳通量都明显大于原生演替（Chapin et al.，2002）。因此，次生演替的净初级生产力恢复速率要比原生演替快得多，这是因为次生演替的草本植物的快速移植和迅速生长以及多年生草本植物的萌生可以使植物群落得以快速恢复。在次生演替的早期，当多年生草本植物，尤其是木本植物的数量迅速增加时，由于木本植物比草本植物能保留更高比例的生物量，因此其生物量和净初级生产力会增加得更快（Chapin et al.，2002）。而在次生演替的中后期，其生物量和净初级生产力的变化规律则与原生演替非常相似。

生态系统自然固碳速率的计量是各种碳计量的基础，也是评价生态恢复和建设工程固碳效益的基础数据来源。目前可用于区域性自然固碳速率的碳计量和评估方法主要包括：①基于生物量和土壤碳储量清单调查的区域碳收支评估；②基于生态系统通量观测结果的区域碳收支评估；③基于生态系统过程模型和遥感模型的区域碳收支评估；④利用大气 CO_2 浓度反演方法的区域碳收支评估（于贵瑞等，2011）。而人为措施的固碳效益及其增汇潜力的计量则更为复杂，其关键的问题，其一是如何区分自然因素和人为因素对生态系统固碳速率的影响；其二是如何评估人为管理措施可能实现的潜力水平。前者的确定目前还只能采用野外对比试验或进行区域性的抽样调查等方法获取相关数据，并采用数据综合分析技术来实现；而后者的确定目前可采用的方法主要包括时间连续清查法、空间代替时间参照系法和限制因子分析法等（于贵瑞等，2011）。

时间连续清查法是指利用长时间调查或观测数据、森林清查资料或森林生长方程等信息，得到生态系统固碳量的长期时间序列，从而推算生态系统固碳速率和固碳潜力。时间连续清查法的理论基础是基于生态系统演替中的碳蓄积动态过程，通过两个观测时间点上的碳蓄积量差分来评价生态系统固碳速率，因此可以利用生态系统饱和碳储量与现存碳储量的差值来估计潜在的固碳量和潜在的年平均固碳速率。我国常用于生态系统固碳效益评估的长期连续的观测数据主要有森林清查、土壤清查和草地清查等资料，其中以全国森林资源普查资料最为完整，这些数据对于了解我国森林生态系统整体发展历史和现状非常重要（于贵瑞等，2013）。

空间代替时间参照系法又称为库-差别法，其科学假设也是基于生态系统的演替理论，该假设认为在环境条件及受干扰情况相近的地点，生态系统会沿着一个相似的演替过程发展。因此可以用处于不同演替阶段或者不同年龄的多个生态系统及其形成的时间构建出一个空间变化系列，来代替生态系统时间变化碳储量序列，进而采用基于生态系统演替理论的时间连续法的研究思路，定量分析生态系统的固碳速率和增汇潜力。

限制因子分析法是基于各种环境因子可以独立地影响生态系统碳储量，并且其综合影响符合"最小养分定律"所描述的"木桶效应"理论。限制因子分析法的应用思路是从环境因子对生态系统固碳功能限制程度的角度出发，即现实的生态系统固碳速率是多种限制因子综合作用的结果，其潜在的固碳速率则是在各种环境因子的限制作用最小时可能实现的最大的固碳速率。虽然限制因子分析法在讨论固碳速率方面有其特有的优势，对于分析和评价管理措施以及特定群落的最大增汇潜力十分有效，但由于该方法没有考虑生态系统演替过程对固碳速率和潜力的影响，在评价生态系统碳蓄积的动态过程方面仍存在较大的缺陷（于贵瑞等，2013）。

参 考 文 献

国家林业局 . 2005. 中国林业发展报告 . 北京：中国林业出版社 .

国家林业局 . 2008. 三北防护林体系建设 30 年发展报告 1978—2008. 北京：中国林业出版社 .

姜凤岐，于占源，曾德慧，等 . 2009. 三北防护林呼唤生态文明 . 生态学杂志，28（9）：1673-1678.

李世东 . 1999. 中国林业生态工程建设的世纪回顾与展望 . 世界环境，4：41-43.

李世东，翟洪波 . 2002. 世界林业生态工程对比研究 . 生态学报，22（11）：1976-1982.

李育材 . 2007. 绿色长城：中国的"三北"防护林建设工程 . 北京：蓝天出版社 .

刘冰，龚维，宫文宁，等 . 2009. 三北防护林体系建设面临的机遇和挑战 . 生态学杂志，28（9）：1679-1683.

马世骏 . 1983. 生态工程：生态系统原理的应用 . 生态学杂志，4：20-22.

王礼先，王斌瑞，朱金兆，等 . 2000. 林业生态工程学 . 2 版 . 北京：中国林业出版社 .

王艳艳，赵成章，孙美平，等 . 2009. 甘肃省退牧还草工程的农户响应及其影响因素 . 中国草地学报，31（4）：96-101.

于贵瑞，王秋凤，朱先进 . 2011. 区域尺度陆地生态系统固碳速率和增汇潜力概念框架及其定量认证科学基础 . 地理科学研究，30（7）：771-787.

于贵瑞，何念鹏，王秋凤，等 . 2013. 中国生态系统碳收支及碳汇功能 . 北京：科学出版社 .

云正明，刘金铜 . 1998. 生态工程学 . 北京：气象出版社 .

朱教君，郑晓，闫巧玲，等 . 2015. 三北防护林工程生态环境效应遥感监测与评估研究：三北防护林体系工程建设 30 年（1978—2008）. 北京：科学出版社 .

Chapin F，Stuart I I I，Matson P，et al. 2002. Principles of Terrestrial Ecosystem Ecology. New York：Springer-Verlag.

Wang X M，Zhang C X，Hasi E，et al. 2010. Has the Three Norths Forest Shelterbelt Program solved the desertification and dust storm problems in arid and semiarid China? Journal of Arid Environments，74（1）：13-22.

第 2 章 重大生态工程固碳评价方法

陆地生态系统是全球碳收支的主体。精确评估区域尺度或国家尺度陆地生态系统的碳储量、固碳速率及其可能的影响因素是我们进行全球碳循环研究，进而确定应对气候变化措施的基础，这也有助于国家之间在减排及应对气候变化等方面进行公平合理的谈判。为了应对环境退化的挑战，中国自 20 世纪 80 年代以来，先后启动了一批重大生态工程，如天然林资源保护工程、退耕还林（草）工程、京津风沙源治理工程、"三北"及长江流域防护林体系建设工程、退牧还草工程等。实施这些浩大的工程，不仅改善了生态环境，也使工程实施区的农民脱贫致富。然而这些生态工程对区域碳储量的贡献尚未开展全面定量的研究，主要原因之一是定量生态工程碳贡献的方法存在较大的不确定性。研究者在评估区域尺度碳储量及固碳能力方面积累了一系列的方法，方法的选择及应用主要取决于区域生态系统的特点、拥有的数据及资金基础。中国目前实施的重大生态工程涉及的植被类型多、面积大、范围广、复杂程度高，为科学地定量评估这些工程的碳贡献带来挑战。已有的一些方法不能简单直接地应用在各种工程的评价上，这就需要我们对定量评估中国生态工程碳贡献的方法进行系统的论证与分析。

2.1 区域尺度森林生态系统固碳计量方法

区域尺度森林生态系统固碳计量的主要方法有下面几大类：清查法、遥感估算法、模型模拟法。

2.1.1 清查法

清查法包括植被生物量清查和土壤碳储量清查（于贵瑞等，2011）。植被生物量清查法主要有异速生长方程法（唐守正等，2000）、IPCC 法（罗云建，2007；IPCC，2003；2006）和换算因子连续函数法（continuous functions for biomass expansion factor）（Fang et al., 2001；方精云等，2002）。

异速生长方程法又称回归模型法，这些模型以胸径和树高等数据为基础估算树木生物量。它们是以样地抽样选取的树木胸径、树高等数据与树木的生物量为基础建立起来的。

IPCC 法是政府间气候变化专门委员会（IPCC）以森林蓄积量、木材密度、生物量换算因子和根茎比等为参数，建立的材积源生物量模型（李海奎等，2012）。

其基本公式为

$$B_{total} = V_{total} \cdot D \cdot BEF \cdot (1+R) \tag{2-1}$$

式中，B_{total} 为某树种生物量；V_{total} 为某树种的总蓄积量；D 为某树种的木材密度；BEF 为生物量换算因子（biomass expansion factor）；R 为根茎比。

换算因子连续函数法也称材积源法。方精云等（2002）和 Fand 等（2001）基于收集到的中国 21 类森林类型共 758 组生物量和蓄积量数据，分别计算了每种森林类型的 BEF 与林分蓄积量。

相关公式为

$$B_{total} = B \cdot A_{total} = V \cdot BEF \cdot A_{total} = V \cdot A_{total} \cdot BEF = V_{total} \cdot BEF \tag{2-2}$$

$$BEF = a + \frac{b}{V} \tag{2-3}$$

式中，B_{total} 为某森林类型总生物量；B 为某森林类型单位面积生物量；A_{total} 为某森林类型总面积；V 为某森林类型单位面积蓄积量；V_{total} 为某森林类型总蓄积量；a 和 b 均为常数。

土壤碳储量清查法主要有土壤类型法、植被类型和生命地带法等。土壤类型法是基于土壤剖面数据，根据种类聚合土壤剖面数据，再依据土壤分布图获得区域或国家尺度土壤碳储总量（王绍强等，2003）。植被类型和生命地带法是以植被、生命地带或生态系统类型的土壤有机碳密度为基础，再结合该类型分布面积汇总得到土壤碳储量（王绍强等，2003）。该方法能直观反映不同植被、生命地带或生态系统类型的土壤有机碳储量。

植被碳库相比于土壤碳库更为复杂，准确评估植被碳库会受到森林生态系统类型的影响。在森林生态系统中，乔木层碳库是植被碳库的主体，准确估算乔木层碳储量是估算植被层碳储量的关键。而乔木层生物量是基于异速生长方程或依托森林蓄积量和生物量转换因子等计算的，目的树种方程的适用性以及生物量转换因子的准确获取成为乔木层碳库准确估算的重点。此外，通过地下生物量和地上生物量关系（根茎比）获得地下生物量也存在很大的不确定性。

清查法被广泛应用在区域和全国尺度上（Kern，1994；Bernoux et al.，2002；Schwartz and Namri，2002；Krogh et al.，2003；Fang et al.，2007；Chaplot et al.，2010）。Fang 等（2007）以森林资源清查资料为基础数据，利用换算因子连续函数法估算了 1981～2000 年中国陆地生态系统植被碳储量情况。此外，支俊俊等（2013）利用浙江省 1:5 万土壤数据库，对浙江省 277 个土种 0～100cm 土层的有机碳密度进行了估算。清查法的优点是简单、明确、直接，依据样地数据的多少和清查规模的大小可以进行森林生态系统不同尺度和不同组分碳储量的计算，缺点是需要长期的数据积累，数据的质量决定估算的精度。

2.1.2 遥感估算法

遥感估算法在这里是指从机载或星载传感器获取与森林碳储量有关变量的方法。遥感图像空间分辨率和取样频率决定数据的精度和应用。主动和被动遥感的主要应用见表 2-1 和表 2-2（郭庆华等，2014）。

表 2-1 主要被动遥感传感器类型及其在森林生物量估算中的应用

传感器	空间分辨率	时间分辨率/d	林业用途
TM/ETM+	30m（ETM 全波段为 15m）	16	被广泛用于区分森林类型和探测森林面积变化
MODIS	250～1000m	1～2	被广泛用于计算归一化植被指数（NDVI）、叶面积指数（LAI）和净初级生产力（NPP）
SPOT	2.5～5m	26	准确测量植被的主要特征
IKONOS	4m（全波段 1m）	1～3	准确测量植被的主要特征
QuickBird	2.4m（全波段 0.61m）	1～3.5	准确测量植被的主要特征

表 2-2 主动遥感传感器类型及其在森林生物量估算中的应用

类型	距离地面高度	光斑大小	精度	应用尺度	林业用途
Terrestrial LiDAR	1m	0.5～10cm	2km 范围内为 1～10cm	单木 - 样地水平	群落样方调查，获取树高、胸径、叶面积指数等

类型	距离地面高度	光斑大小	精度	应用尺度	林业用途
Airborne LiDAR 小光斑	1km	0.2~3cm	10~20cm 裸地, 50cm 植被	景观 – 区域水平	景观或区域尺度树高分布、覆盖度、叶面积指数、蓄积量、生物量估算等
Airborne LiDAR 大光斑	10km	8~25m	100cm		
Satellite LiDAR	600km	60~70m	因地形、坡度不同, 误差为 5~10m	区域 – 全球水平	全球树高分布、生物量估算

现今遥感在林业中的应用主要集中在森林面积、林冠平均高、叶面积指数、冠幅的测定以及森林类型的识别等方面。依据遥感技术估测森林地上生物量的方法主要有基于遥感数据的统计方法和模型方法,本节主要介绍统计方法。统计方法是将植被生物量与遥感影像中植被的物理参数、反射光谱特征等数据建立回归关系进而反演生物量。例如,利用光学遥感中 TM 影像数据的红光和近红外光谱波段的反射值组合成植被指数,建立与地面生物量调查数据的回归关系反演区域森林生物量(Curran and Steven, 1983; Sellers, 1985; Sader et al., 1989)。又如,利用 SPOT 数据的光谱信号与森林蓄积量建立相关关系反演生物量(Trotter et al., 1997)。当生物量与遥感因子的相关性不显著时,往往通过使用神经网络模型,来获得更可靠的相关性(Foody et al., 2001)。这种基于传统光学遥感的方法,在遥感影像空间分辨率足够高的情况下,可以宏观、连续地监测植被生物量,但同样存在不确定性,如遥感光学信号容易饱和等(Hyde et al., 2007; 黄从红等, 2012; 汤旭光等, 2012)。

激光雷达(LiDAR)不仅能克服光学信号饱和的问题,还能提供更为丰富的森林垂直结构信息(如冠层高),这些信息与森林蓄积量及生物量同样存在很高的相关性(Lim et al., 2003),近年来也被研究者反演森林生物量(陈尔学,1999)。Chen 和 Hay(2009)利用 LiDAR 剖面中获取的高度信息和 QuickBird 影像上提取的地物信息进行区域连续信息提取,获得了很高的区域估算精度;Baccini 等(2012)利用星载激光雷达大光斑(GLAS)数据和 MODIS 数据对泛热带地区生态系统的地上森林植被碳密度图进行了绘制;黄克标等(2013)利用机载、星载激光雷达对 GLAS 光斑范围内的森林地上生物量进行估测,并结合 MODIS 植被产品及 MERIS 土地覆盖产品进行了云南省森林地上生物量的连续制图。然而 LiDAR 在大雾天气穿透性差，会给森林植被碳储量估测带来不确定性。

2.1.3 模型模拟法

现在有很多模型估算区域尺度森林碳储量（主要模型见表 2-3）。根据模型校准与使用所需的主要数据类型不同，可以分为基于样地和森林资源清查资料的碳计量模型 （Smith and Heath，2001；Brack and Richards，2002；Kurz，2009；Stinson et al.，2011；Masera et al.，2003），由遥感数据作为主要参数或驱动的碳循环模型 （Smith et al.，2008）。本节主要介绍这两类模型。

表 2-3 主要区域尺度固碳模型的比较

模型	特点	应用 Application							文献
		区域尺度	林分尺度	天然林	人工林	草原	植被碳库	土壤碳库	
CO2FIX	模拟单一树种、多树种及不同龄级的林分和混农林业的碳动态	*	*	*	*	—	*	*	Masera et al., 2003
CENTURY	模拟不同植物土壤系统内的碳、氮、磷、硫的长期动态	*	—	*	*	*	—	*	Parton et al., 1993
FORECAST	模拟单一树种、多树种混交林分的长期碳动态	—	*	*	*	—	*	*	Wei and Blanco, 2014
CBM-CFS3	可以运用到森林管理和分析森林碳储存量与碳含量变化情况	*	*	*	*	—	*	*	Kurz et al., 2009
TRIPLEX	模拟林分生产量月动态特征的综合型碳平衡模型	*	*	—	*	—	*	*	Peng et al., 2002；Zhang et al., 2008
Miami	以年平均气温、降水量及土壤水分等因子预测不同地带的 NPP	*	—	*	*	*	*	—	Adams et al., 2004

模型	特点	应用 Application							文献
		区域尺度	林分尺度	天然林	人工林	草原	植被碳库	土壤碳库	
CASA	以植物机制为基础模拟大尺度植被 NPP 的模型	*	—	*	*	*	*	—	Potter et al., 1993
BIOME-BGC	模拟区域尺度或全球尺度生态系统植被，凋落物，土壤中水、碳、氮储量和通量的生物地球化学模型	*	—	*	*	*	*	*	Running and Gower, 1991
BEPS	冠层分阴叶和阳叶，将叶片尺度瞬时 Farquhar 光化学模型进行时空尺度转换，模拟每天的 GPP、NPP 等	*	—	*	*	*	*	—	Liu et al., 1997

注:"*"代表"是","—"代表"否"

2.1.3.1 基于样地和清查资料的模型模拟法

为了评估区域尺度森林碳收支情况，开发了很多模型。这些模型在应用的尺度、地理区域、模拟的森林经营活动、模拟的碳库及所需参数和精度等方面都不尽相同。这些模型包括美国的 FORCARB 模型（Smith and Heath，2001）、澳大利亚的 CAMfor 模型（Brack and Richards，2002）、加拿大的 CBM-CFS3 模型（Kurz et al.，2009；Stinson et al.，2011），还有 V3 版的 CO2FIX 模型（Masera et al.，2003）等。每个模型都有其优缺点。其中 CBM-CFS3 模型被各国广泛应用于区域尺度上不同森林经营管理措施和有林地土地利用变化下的森林固碳计量，但该模型不能模拟气候变化对碳储量的影响。CO2FIX 模型也是应用很广泛的模型之一，可用来模拟单一树种、多树种及不同龄级的林分和混农林业的碳动态，但该模型过分依赖树干生长率，不能及时反映地理和气候变化带来的变化。

2.1.3.2 基于遥感数据的模型模拟法

很多模型由遥感数据作为参数或驱动计算森林生态系统碳储量，这些模型可以分为以下 3 类（Smith et al., 2008）：第一类是气候相关模型，如 Miami 模型（Adams et al., 2004），这类模型以土壤水分、降水量及年平均气温等参数预测 NPP，缺点是忽略植物自身的生物学特性，现在主要用于和其他模型模拟结果进行对比。第二类是生理生态过程模型，如 BIOME-BGC 模型（Running and Gower, 1991）和 BEPS 模型（Liu et al., 1997）。其中 BIOME-BGC 模型基于来自遥感的土壤水分信息及植被覆盖度，以环境因子为变量，融合植物光合作用的生物化学反应机制，可以模拟不同尺度生态系统植被，凋落物，土壤中水、碳、氮储量和通量等，但参数的复杂性使这类模型的使用受到一定的限制。第三类是光能利用率模型，如 CASA 模型（Potter et al., 1993），该类模型利用 NPP 与植物吸收的光合有效辐射及其转化为有机物转化率的关系来实现估算 NPP，光合有效辐射比例等输入参数可以通过遥感手段获得，无须野外实验测定，模型形式也比较简单，又比气候相关模型多考虑了环境条件和植被的本身特征。这 3 类模型估算地上生物量都需要高时间分辨率的遥感数据源，而高时间分辨率的遥感数据源空间分辨率普遍偏低，影像中的混合像元降低了土地覆盖分类精度，这就为 NPP 估算带来了不确定性。

2.2　重大生态工程固碳评价的方法

根据六大林业生态工程的范围、特点、措施等，可以将其分为三大类：①天然林资源保护工程，"三北"防护林体系建设工程，长江、珠江流域防护林体系建设工程；②退耕还林（草）工程；③退牧还草工程。此外，未归类的京津风沙源治理工程固碳评价方法可参考退耕还林（草）工程和退牧还草工程的方法。本节将从工程概况和数据特征两个方面详细介绍这三大类工程，并探讨各类工程对区域碳收支贡献的可行评价方法。重大林业生态工程固碳评价的方法框架如图 2-1 所示。

2.2.1　退耕还林（草）工程

2.2.1.1　工程特征及其固碳评价难点

该工程采取的措施有三大类，分别为退耕地造林、荒山荒地造林和封山育林。每种措施中又因工程区地理位置和气候条件等因素包含不同的植物配置模

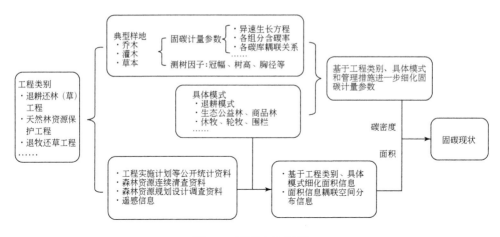

图 2-1　固碳方法框架

式，如针阔混交林，以及乔-灌-草的不同配置比例。同时，部分工程区还会栽植核桃、油茶等经济树种，这些树种的固碳计量方法存在一定的特殊性。不同区域退耕还林模式见表 2-4 所示，主要为营造水源林、水土保持林和防风固沙林。

表 2-4　不同区域退耕还林模式

模式		区域
黄河上中游及北方地区退耕还林模式	黄河源头区水源林模式	青藏高原东北部、青海东南部
	黄土高原区水土保持林模式	陕西、甘肃、山西、内蒙古、宁夏、青海、河南等省（自治区）
	风沙区防风固沙林模式	新疆、新疆生产建设兵团、内蒙古、青海、甘肃、宁夏、陕西北部、吉林西部、辽宁西北部
	寒冷高山高原区水源林模式	陇秦山地及六盘山、太行山、贺兰山、青海等高山高原区
	干旱丘陵土石山区水土保持林模式	河北、山西、内蒙古、陕西、甘肃、宁夏等省（自治区）
	河套地区防护林模式	宁夏和内蒙古
	东北山地护坡林模式	辽宁、吉林、黑龙江以及内蒙古大兴安岭等山地丘陵区

模式	区域
干热干旱河谷区困难地植被恢复模式	四川、云南、贵州
喀斯特山地困难地植被恢复模式	贵州、广西、湖南西部、湖北西部、云南东部等地
长江上游源头区水源林模式	青藏高原东北部、川西北高原和通天河及其支流
高山峡谷区水源林模式	青藏高原东南缘
中低山丘陵区水土保持林模式	嘉陵江上游、沱江上游、岷江中上游、金沙江中下游、乌江流域
江河堤岸区护岸林模式	长江中上游干流及其主要支流中下游的河谷地区
风景旅游区观光林业模式	长江上中游及南方地区的三峡库区、张家界、九寨沟、黄果树、桂林、丽江等地

注：整理自《退耕还林技术模式》，国家林业局，2001 年

该实施区分布相对分散，而且与其他林业生态工程在一定程度上存在面积重叠（如京津风沙源治理工程），这些因素都为应用遥感影像进行工程边界划分带来很大的困难。

目前，该工程在黄土高原区域分布面积相对集中，造林模式相对固定，易于遥感解译和植被指数的提取，可以考虑应用遥感数据与模型相结合的手段估算碳储量。此外，退耕还林（草）工程的实施是以县为单位完成的，数据也主要以县为基本单元，工程碳储量可以考虑采用由典型县到省域再到国家尺度这一自下而上的方法进行统计。

2.2.1.2 固碳评价方法选择

根据图 2-1 提出的固碳方法框架，退耕还林（草）工程固碳评估难点在于不同退耕模式中固碳计量参数的获取。原国家林业局在《退耕还林工程生态效益评估报告》中采用了分布式测算法评估重点监测省份的生态效益（国家林业局，2014），在此也可采用类似的分级方法获取固碳计量参数。一级单元为省份，二级单元为县区，三级单元为退耕地造林、荒山荒地造林和封山育林等 3 种植被恢复类型，四级单元为更为细化的退耕模式。通过在四级单元设立典型样地，获取固碳计量参数和各碳库耦联关系，再逐级汇总得到工程固碳情况。通过对主要固碳计量方法和主要区域尺度固碳模型的比较，可以优先选择异速生长方程法、CASA 模型和 CENTURY 模型。相较于 IPCC 法、换算因子连续函数法，异速生长

方程法精度更高，能够显示地域和林分起源等差别，更容易开发不同经济林种模型。此外，黄土高原区是退耕还林工程的重中之重，在该区域分布面积相对集中，造林模式相对固定，易于遥感解译和植被指数提取。相比较其他过程模型，光能利用率模型（CASA 模型）被证明是在黄土高原区最有效的模型（Feng et al.，2013），因此在该区域可考虑使用 CASA 模型生成地上植被 NPP 进而获得固碳量，土壤部分可使用 CENTURY 模型，通过模型的结合使用，可以与异速生长方程法进行比较验证。方法的具体使用情况如下所述。

1）异速生长方程法

对典型县的不同退耕模式调查样地内所有乔木胸径、树高等信息进行归类，选择与树种对应的生物量异速生长方程，计算样地内所有乔木各器官生物量及单株总生物量。根据树种各器官的碳含量将生物量转换为碳储量，将样地内所有树种的单株碳储量相加即得到样地乔木层的总碳储量，除以样地总面积换算求得单位面积碳储量。同时，求得林下植被层、死地被层（凋落物、枯倒木）和土壤的单位面积碳储量。将乔木层、林下植被层、死地被层和土壤的碳密度相加，得到生态系统总碳密度。以典型县调查样地为基本单元，按森林类型对各省区调查样地信息进行归类汇总，获得各省区各森林类型不同龄级生态系统平均碳密度。由遥感数据和工程实施方案，计算各省区内工程的实施面积，将不同类型及龄级生态系统的平均碳密度与相应面积相乘，即可得到工程碳储量 C_F。基本公式如下：

$$C_F = \sum_{k=1}^{K} \sum_{i=1}^{I} \sum_{j=1}^{J} \left(C_{F_{i,j,k}} \times A_{F_{i,j,k}} \right) \tag{2-4}$$

式中，$C_{F_{i,j,k}}$ 为工程在 k 省区第 i 种森林类型第 j 个林龄的森林生态系统单位面积碳储量（tC/hm^2）；$A_{F_{i,j,k}}$ 为工程在 k 省区第 i 种森林类型第 j 个林龄的分布面积（hm^2）。

使用这一方法，所需数据包括样地调查数据、森林资源清查数据及工程各期实施方案。潜在的误差主要来自异速生长方程的选择以及工程面积和各森林类型面积的统计。

2）CASA-CENTURY 模型法

地上植被碳储量估算可采用 CASA 模型，地下土壤碳储量估算采用 CENTURY 模型。应用 CASA 模型估算地上植被碳储量，首先要收集区域 1km 分辨率的 MODIS NDVI 数据、月平均降水量数据、温度数据、太阳总辐射数据，土壤类型图，植被分布图等。其次，制作在空间上与遥感数据相匹配的栅格化的气候数据、土壤类型图及植被分布图。再次，计算不同植被类型的年第一性生产力，乘以各植被类型所属工程区实施的年限，换算成地上植被碳密度。最后，结合工程区实施面积求算出地上植被碳储量。CASA 模型只能模拟地上植被 NPP，不能估算土壤碳储量，该方法不能单独使用。模型中全球植被最大光能转化率的取值难以确定，对 NPP 估算有一定影响。此外，模型估算地上生物量都需要高时间分辨率的遥感数据源，而高时间分辨率的遥感数据源空间分辨率普遍偏低，影像中的混合像元降低了土地覆盖分类精度，这就为 NPP 估算带来了不确定性。

应用 CENTURY 模型估算地下土壤碳储量，首先要获取区域月平均降水量，最高与最低温度，土壤结构，土壤内总的硫、氮和磷的最初含量以及土壤侵蚀情况等数据。其次，定义土地利用类型，依据模块输入每一个生态系统的参数，并特模型所需要的信息进行参数化。这些参数信息包括模块 1 中的容重、土壤层数（或土壤剖面层次）、排水模式、土壤永久萎蔫点和 pH；模块 2 中的活性有机碳、非活性有机碳、每土壤层的碳/氮值、植物剩余物最初输入、土壤内枯落物碳/氮值、土壤有机质层的碳/氮值、土壤覆盖物（枯落物）C 同位素的数量值。再次，运行模型进行模拟，得到模拟区土壤碳密度。最后，结合工程区面积求出土壤碳储量。CENTURY 模型部分输入参数难以获取，同时长时间序列上的观测资料也不易获取。此外，模型本身的误差传播也会带来不确定性，在实际工作中应对模型的数据进行质量评估，对模型的算法和模拟的结果进行科学验证，以减少不确定性。

2.2.2 天保工程

2.2.2.1 工程特征及其固碳评价难点

天保工程将林业用地划分为生态公益林和商品林两类。对重点生态公益林区实行禁伐，禁止对所有天然林及人工林的采伐。对一般公益林，进行适度的经营择伐及抚育伐。生态公益林建设采用人工造林、飞播造林、封山育林等方式。商品林则采取集约经营的方式，以较少的土地和较短的周期，定向培育速生丰产用材林和经济林等。

东北、内蒙古等重点国有林区，长江上游、黄河中上游地区森林龄组结构呈现幼中龄林比例大、成过熟林少等特点（Zhou et al., 2014）。此外，不管是基于林业统计数据还是遥感数据，天保工程都涉及一个关键问题，大部分工程区不是所有林地都属于天保工程区，此外遥感影像不能区分生态公益林和商品林。

2.2.2.2　固碳评价方法选择

考虑到生态公益林和商品林的不同特点，应该选择不同的碳计量方法，但事实上基于现有数据很难对生态公益林和商品林进行区分。有研究表明，东北天保工程由于工程实施初期经营区划的标准不统一、界限模糊以及工程实施过程中粗放的管理方式等原因，其生态公益林和商品林森林植被碳密度无显著差异（魏亚伟等，2014）。此外，天保工程数据尺度较大，缺乏详细的树种信息，异速生长方程法使用受到一定限制。基于此，通过对主要固碳计量方法和主要区域尺度固碳模型的比较，可以在天保工程中使用 IPCC 法/换算因子连续函数法结合清查数据和遥感数据（China Cover）的整合分析法以及遥感降尺度法（刘双娜等，2012）。同时，在具备详尽商品林经营方案、森林采伐数据、一类调查、二类调查和三类调查数据，以及主要树种的生长曲线的生产经营单位，可以考虑使用 CBM-CFS3 模型，通过运用模型可以更好地了解商品林在不同经营管理措施下的碳动态变化，充分体现天保工程在平衡木材产量与保持生态环境中发挥的重要作用。IPCC 法/换算因子连续函数法参数的开发没有区分人工林和天然林，使其在评估天保工程固碳情况时具有先天优势，因此，IPCC 法/换算因子连续函数法更适合于较大尺度评估。结合遥感降尺度法可进一步对 IPCC 法/换算因子连续函数法的估算结果进行比较验证。

1）CBM-CFS3 模型法

CBM-CFS3（carbon budget model of the canadian forest sector model）是基于《联合国气候变化框架公约》（UNFCCC）和《京都议定书》，并且以政府间气候变化专门委员会（IPCC）关于碳释放量的测定方法为准则，可估算与模拟预测不同尺度森林生态系统碳储量动态变化的模型。该模型由加拿大林业部门开发，已在加拿大本土成功运用（Groot et al.，2007；Taylor et al.，2008；Ter-Mikealian et al.，2009；Stinson et al.，2011）。模型主要输入数据包括林分蓄积生长数据、气象数据和管理措施等，主要参数包括蓄积量–生物量转换系数、凋落物分解速率和周转参数等。

随着模型的不断改进与推广，已有中国、意大利、俄罗斯等国家引进了该模型进行森林碳计量方面的研究。付甜（2013）在中国三峡库区以 CBM-CFS3 模型模拟计算了森林生态系统碳储量和生产力；Zamolodchikov 等（2008）在俄罗斯的沃洛格达地区比较了 3 种干扰情景下的生物量变化，为明确森林碳源/汇地位和森林规划提供了依据；Pilli 等（2013）通过设置不同的干扰和收获情景，估算了意大利 1995～2020 年森林的碳源汇情况，同时在异龄林的模拟研究方面取得了较大进展。

CBM-CFS3 模型的使用首先要根据森林资源清查数据，绘制树种生长收获曲线；通过查阅文献获得蓄积量–地上生物量的转换方程以及模拟区域的凋落物分解速率等参数；同时收集干扰信息，制作收获时间表；然后驱动模型，获得模拟区地上生物量碳密度、枯立木碳密度、凋落物碳密度、地下生物量碳密度和土壤碳密度。最后，结合各实施单元的面积，计算出工程碳储量。

CBM-CFS3 模型虽然采用了分解模块与生长收获曲线相结合的方法来降低模型的复杂性，但与此同时也降低了模型的实用性。该模型是在加拿大开发的，模拟北方温带森林时有很好的效果，在模拟南方森林时，需要重新设置生长参数、分解参数及周转参数等，使模型获得更广泛的应用。

2）遥感降尺度法

降尺度法，即把大尺度、低分辨率的信息转化为区域尺度、高分辨率信息的方法（赵芳芳和徐宗学，2007）。将遥感数据与地面观测尤其是国家森林资源清查资料的优势结合起来，既能反映遥感数据的空间特征，又能反映地面详查资料的可靠性与统计特征，是定量反演森林生物量空间分布格局的关键（刘双娜等，2012）。通过遥感降尺度法的使用，可以在区域尺度上更加清晰地体现天保工程固碳情况的空间分布格局，并与其他方法进行相互验证。

首先，根据各省区需求将 1∶100 万的中国植被图集按针叶林、阔叶林和混交林进行重新分类制图，将森林资源清查数据的优势树种划分为针叶林、阔叶林和混交林。其次，根据重新分类后的各省区森林资源清查数据，运用换算因子连续函数法估算全省区三大类森林植被平均生物量。将得到的森林植被平均生物量与重新分类后的森林植被图相结合，生成全省区三大类森林平均生物量分布图。再次，对各省区森林生态系统 NPP 分布栅格图（1km 分辨率）进行预处理，并用全省区森林植被分布栅格图提取出全省有森林覆盖处的 NPP 分布栅格图。将森林平均生物量分布图与 NPP 分布栅格图相结合进行降尺度技术处理，最终得到各省区森林生态系统生物量分布栅格（1km 分辨率）。最后，结合各实施单元的面积和空间分布数据，计算出工程碳储量。基本公式为

$$B_i = \frac{N_i \times n \times \overline{B_{pt}}}{\sum\limits_{i \in p \cap t} N_i} \tag{2-5}$$

式中，p 为各省区；t 为各森林植被类型（针叶林、针阔混交林、阔叶林）；i 为某一个格点；$\overline{B_{pt}}$ 为某省区某森林植被类型平均生物量（Mg/hm²）；N_i 为格点森林

生产力 NPP［g C/（m² · a）］；B_i 为某格点森林生物量（Mg/hm²）；n 为该省区森林类型的格点数。

所需数据主要包括 1:100 万中国植被图、森林资源清查数据、MODIS NPP/GPP 数据集、工程各期实施方案等。此方法可能的误差主要来自两个方面：①国家森林资源清查资料与森林植被图中优势树种不完全匹配，这可能存在一定误差；②该方法是建立在森林生物量与 NPP 成正比的线性相关基础上，而实际森林生物量与其 NPP 的关系受很多因素影响，不一定是线性相关，这对格点生物量估算有一定的影响。

3）IPCC 法/换算因子连续函数法

IPCC 法/换算因子连续函数法都是基于蓄积量求算生物量的方法，也称为材积源法。相较于异速生长方程法，IPCC 法/换算因子连续函数法更适合于较大尺度评估。从天保工程可以获取的数据情况来看，缺乏像退耕还林工程中主要树种的详细信息，因此，通过 IPCC 法/换算因子连续函数法获取乔木层碳密度，进而获得生态系统碳密度更有其不可替代性。与此同时，利用森林清查资料和遥感影像数据耦合可以获得更为精确的主要森林类型面积及空间分布格局。由各森林类型生态系统碳密度与其分布面积，即可估算各工程区主要森林类型的生态系统碳储量。利用森林清查资料和遥感影像数据耦合获取各优势树种（植被类型）的分布面积需要：由森林清查资料中各优势树种的分布面积计算出其所占总面积的比例，由遥感数据获取主要森林类型的总面积，二者的乘积即可得到各优势树种较为精确的分布面积。该方法采用森林清查资料中的面积数据和遥感数据相耦合，得到更加精确、详细的各优势树种（植被类型）的分布面积，使得最终估算的森林生态系统碳储量更为准确。

基本公式为

$$C_F = \sum_{k=1}^{K} \sum_{i=1}^{I} \left(C_{F_{i,k}} \times A_{F_{i,k}} \right) \tag{2-6}$$

式中，$C_{F_{i,k}}$ 为工程在 k 省区第 i 种森林类型生态系统单位面积碳储量（t C/hm²）；$A_{F_{i,k}}$ 为工程在 k 省区第 i 种森林类型的分布面积（hm²）。

所需数据主要包括样地调查数据、森林资源清查数据、遥感数据（China Cover）、木材密度表以及生物量和蓄积量转换参数表等。此方法可能的误差主要来自两个方面：①IPCC 法/换算因子连续函数法估算乔木层碳储量的误差；②各碳库间耦联关系的误差。

2.2.3　退牧还草工程

2.2.3.1　工程特点及其固碳评价难点

有研究表明，退牧还草工程中不同草地类型及不同草地恢复措施带来的恢复效果显著不同（王静等，2009；孙银良等，2014）。固碳情况准确评估的关键在于不同草地类型和恢复措施下的固碳计量参数的获取，主要包括地上生物量密度、根茎比、土壤有机质含量，以及工程实施面积（围栏）的准确监测等。退牧还草工程主要采用禁牧、休牧、划区轮牧的方式。禁牧是指对草地施行一年以上禁止放牧利用的措施。休牧是指为了保护牧草的生长和更新，在返青期和结实期进行休牧。划区轮牧是指根据草原的载畜量划分成季节放牧地，再将放牧地分成若个小区，然后依据一定的放牧顺序、周期和时间逐区放牧，以保证对牧草的轮回利用（邱馨慧等，2013）。部分地区由于工程实施年限较短，围栏内外差异较小，使得遥感识别存在一定的难度。对于这部分地区，通过结合地面监测，利用全球定位系统（GPS）存储工程边界拐点的经纬度值，在数字化工程竣工图的基础上，将围栏拐点作为校验点，可以完成对工程围栏面积的监测（单丽燕等，2008）。草地生态系统中土壤碳库碳储量约占总碳储量的 2/3（Scharpenseel et al.，1989；李学斌等，2014），相对于植被碳库而言，土壤碳库的准确估算是评估草地碳储量的关键（Post et al.，1982；Post et al.，1990；Ni，2001）。

2.2.3.2　固碳评价方法选择

草地生态系统相对简单，所涉及碳库主要是土壤碳库。当获取了工程区每年围封面积数据、草地植被分类图以及 MODIS/TM 遥感影像数据后，结合 GIS 数据绘制工程区分布图，获得各主要草地类型的分布面积。在此基础上，通过使用 CENTURY 模型并结合样地数据进行土壤碳储量计算。此外，草原生态系统植被的地上碳储量可通过 CASA 模型生成 NPP 反演生物量的方法获得，再通过地上碳储量和地下碳储量的比例关系（根茎比）获得地下碳储量。因此，退牧还草工程可以选择遥感与 CENTURY 模型相结合的方法。

2.3 重大生态工程固碳计量不确定性分析

2.3.1 数据源的不确定性

2.3.1.1 面积数据的不确定性

以退耕还林工程为例，面积数据源主要有两个，一是政府退耕还林办公室提供的数据，二是各省市二类调查的小班数据。前者的数据中每年造林的总面积是准确的，但不包括不同树种的造林面积，后者的数据中小班因子包括小班位置、小班面积、优势树种、林分平均高、平均胸径、单位面积种植株数、工程类别、工程实施年限等翔实的信息，但缺乏翔实的总面积信息，需要用前者来修正。此外，不同工程之间存在相互重叠的情况，如退耕还林工程和京津风沙源治理工程等。同一工程中不同管理措施的林分无法在空间中区分，如天保工程的生态公益林区和商品林生产区。目前在全国范围内，还没有准确的信息化地图能明确各工程区的范围，如退牧还草工程在实施中只统计面积信息而没有地理位置信息。

2.3.1.2 典型样地调查数据的不确定性

以区域尺度土壤碳库的计算为例，通常做法是先对不同生态系统类型中典型样地的土壤进行调查，再根据区域内不同类型进行样地结果的尺度上推，其不确定性主要来自土壤碳含量、容重、质地及土壤厚度的测定，实际上，即便在同一土壤类型内，这些指标也可能存在较大差异。另外，各生态工程可能在同一区域内存在多种经营管理措施和立地条件，典型样地的代表性及其在空间上分布的均匀性也都会带来不确定性。

2.3.2 评价方法的不确定性

根据不同的工程特点探讨了不同的估算方法，但这些方法同样存在不确定性。如对退耕还林工程选择了精度较高的异速生长方程法，与之相比，IPCC 法（扩展因子法）的数据库为国家尺度，换算因子连续函数法在计算幼龄林（现阶段退耕还林树种基本都是幼龄林）时会过高估计生物量，综合考虑可以优先选择异速生长方程法，但方程使用前要进行验证，注意其适用范围（如胸径范围）以降低不确定性。对天保工程选择了换算因子连续函数法，主要原因一是弥补异速生长方程数据库的不足，二是因为该方法在开发时并没有区分天然林和人工林，增加了方法使用范围的同时也增加了不确定性。同时，对不同工程还建议了一些模型，这些模型同样存在不确定性，如 CASA 模型的最大光能利用率的确定、CBM-CFS3 模型中不同碳库的周转速率和凋落物分解速率的确定等，这些都需要在使用中进行校准。目前，重大林业生态工程固碳评价方法没有统一的标准，在对不同的工程进行固碳评价时是可以相互使用的，这主要取决于工程的特点、数据的获取情况、方法之间的兼容性等，从科学评价的角度而言，对同一工程固碳评价进行多方法的比较是十分必要的，也是降低评价方法不确定性的主要途径。

2.4　小结与展望

根据各重大生态工程特点，我们对退耕还林工程建议了基于样地尺度扩展至区域尺度的异速生长方程法和 CASA-CENTURY 模型法。对天保工程我们建议了 IPCC 法/换算因子连续函数法结合清查数据和遥感数据（China Cover）的整合分析法以及遥感降尺度法，对天保工程中商品林生产区我们建议了 CBM-CFS3 模型法。对退牧还草工程我们建议了 CASA 模型与 CENTURY 模型相结合的方法。不同方法各具特点，基于数据获取情况可以相互替换使用，对同一工程使用两种以上的方法进行比较验证是很有必要的。

目前，森林碳计量的核心之一是构建各树种的异速生长方程，但树种数据库远远不够，有待进一步开发，而且某一树种受地域差异的影响，可能开发了多个方程，需要进一步归纳整理。当我们在进行森林碳储量估算时，数据库中有当地代表树种的异速生长方程，我们首选异速生长方程和样地调查相结合的方法。如果仅有蓄积量数据时，可考虑采用 IPCC 法和换算因子连续函数法（IPCC，2006）。换算因子连续函数法中的参数开发具有系统性，基于变化的生物量因子由蓄积量函数关系得到，并且适合于几乎所有的森林类型，但是其树种只占到森林清查树种的 51%，仍需进一步扩大树种数据库。针对本章涉及的遥感降尺度法，有研究表明（刘双娜等，2012）森林生物量与林龄的相关性较 NPP 更显著，但目前中国森林林龄空间分布格局资料相对缺乏，今后随着这方面研究的深入和资料的完善，用林龄替代 NPP 将会使结果更为准确。未来地上生物量的估测将可能主要依托于多源遥感反演［如图 2-2 所示，引自 Baccini 等（2012）］，主要集中于机载 LiDAR 与光学遥感、雷达提供的空间连续制图相结合的方法。然而，大尺度 LiDAR 数据不足以重复获取、费用高昂都是目前制约这类方法发展的瓶颈。研发中的 LiDAR 技术"photon counting"将有望打破这种瓶颈，它将会在数据覆盖广度和精度等方面给 LiDAR 带来更大提升空间，LiDAR 结合现有的雷达技术和其他光学遥感技术将能在 100～250m 分辨率下进行全球生物量制图。

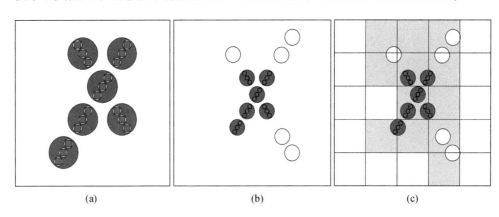

(a)　　　　　　　　　　(b)　　　　　　　　　　(c)

图 2-2　基于 MODIS 遥感数据的尺度扩展法

（a）说明如何由 LiDAR-生物量模型扩展至 GLAS-生物量模型；（b）说明如何由 GLAS-生物量模型获得未做样地的 GLAS 光斑生物量信息；（c）说明如何利用 MODIS 数据提供的连续空间信息进行尺度扩展，其中每个像元的生物量密度取嵌在像元内的 GLAS 光斑生物量密度的平均值（Baccini et al., 2012）。图中大圆为 GLAS 光斑，空心小圆代表 LiDAR 大光斑，嵌在其中的小正方形代表样地，（c）中的小正方形代表 MODIS 像元

参 考 文 献

陈尔学. 1999. 合成孔径雷达森林生物量估测研究进展. 世界林业研究，（6）：18-23.

方精云，陈安平，赵淑清，等. 2002. 中国森林生物量的估算：对 Fang 等 Science 一文（Science，2001，291：2320～2322）的若干说明. 植物生态学报，26（2）：243-249.

付甜. 2013. 基于 CBM-CFS3 模型的三峡库区主要森林生态系统碳计量. 北京：中国林业科学研究院.

郭庆华，刘瑾，陶胜利，等. 2014. 激光雷达在森林生态系统监测模拟中的应用现状与展望. 科学通报，59（6）：459-478.

国家林业局. 2001. 退耕还林技术模式. 北京：中国林业出版社.

国家林业局. 2014. 2013 退耕还林工程生态效益监测国家报告. 北京：中国林业出版社.

黄从红，张志永，张文娟，等. 2012. 国外森林地上部分碳汇遥感监测方法综述. 世界林业研究，25（6）：20-26.

黄建文，胡庭兴，张忠辉. 2012. 天然林资源保护工程监测技术. 北京：中国林业出版社.

黄克标，庞勇，舒清态，等. 2013. 基于 ICESat GLAS 的云南省森林地上生物量反演. 遥感学报，17（1）：165-179.

李海奎，赵鹏祥，雷渊才，等. 2012. 基于森林清查资料的乔木林生物量估算方法的比较. 林业科学，48（5）：44-52.

李学斌，樊瑞霞，刘学东. 2014. 中国草地生态系统碳储量及碳过程研究进展. 生态环境学报，23（11）：1845-1851.

刘双娜，周涛，舒阳，等. 2012. 基于遥感降尺度估算中国森林生物量的空间分布. 生态学报，32（8）：2320-2330.

罗云建. 2007. 华北落叶松人工林生物量碳计量参数研究. 北京：中国林业科学研究院.

邱馨慧，白雪峰，白媛媛，等. 2013. 禁牧休牧划区轮牧政策对鄂尔多斯草原畜牧业发展的益处. 现代农业，（2）：84-85.

单丽燕，负旭疆，董永平，等. 2008. 退牧还草工程项目遥感分析与效益评价：以四川省阿坝县为例. 遥感技术与应用，23（2）：173-178.

孙银良，周才平，石培礼，等. 2014. 西藏高寒草地净初级生产力变化及其对退牧还草工程的响应. 中国草地学报，36（4）：5-12.

汤旭光，刘殿伟，王宗明，等. 2012. 森林地上生物量遥感估算研究进展. 生态学杂志，31（5）：1311-1318.

唐守正，张会儒，胥辉. 2000. 相容性生物量模型的建立及其估计方法研究. 林业科学，S1：19-27.

王静，郭铌，蔡迪花，等. 2009. 玛曲县草地退牧还草工程效果评价. 生态学报，29（3）：1276-1284.

王绍强，刘纪远，于贵瑞. 2003. 中国陆地土壤有机碳蓄积量估算误差分析. 应用生态学报，14（5）：797-802.

魏亚伟，周旺明，于大炮，等. 2014. 我国东北天然林保护工程区森林植被的碳储量. 生态学报，34（20）：5696-5705.

于贵瑞，方华军，伏玉玲，2011. 区域尺度陆地生态系统碳收支及其循环过程研究进展. 生态学报，31（19）：5449-5459.

赵芳芳，徐宗学. 2007. 统计降尺度方法和 Delta 方法建立黄河源区气候情景的比较分析. 气象学报，65（4）：653-662.

支俊俊，荆长伟，张操，等. 2013. 利用 1：5 万土壤数据库估算浙江省土壤有机碳密度及储量. 应用生态学报，24（3）：683-689.

Adams B, White A, Lenton T M. 2004. An analysis of some diverse approaches to modelling terrestrial net primary productivity. Ecological Modelling, 177（3）：353-391.

Baccini A, Goetz S, Walker W, et al. 2012. Estimated carbon dioxide emissions from tropical deforestation improved by carbon-density maps. Nature Climate Change, 2 (3): 182-185.

Bernoux M, Eschenbrenner V, Cerri C C, et al. 2002. LULUCF-based CDM: too much ado for…a small carbon market. Climate Policy, 2 (4): 379-385.

Brack C, Richards G. 2002. Carbon accounting model for forests in Australia. Environmental Pollution, 116: 187-194.

Chaplot V, Bouahom B, Valentin C. 2010. Soil organic carbon stocks in Laos: spatial variations and controlling factors. Global Change Biology, 16 (4): 1380-1393.

Chen G, Hay G. 2009. Modeling Large-area Canopy Surface Heights from Lidar Transects and QuickBird Data. College Station: SilviLaser.

Curran P, Steven M. 1983. Multispectral remote sensing for the estimation of green leaf area index [and discussion]. Philosophical Transactions of the Royal Society of London. Series A, Mathematical and Physical Sciences, 309 (1508): 257-270.

Dabney P, Harding D, Abshire J, et al. 2010. The Slope Imaging Multi-polarization Photon-counting Lidar: development and performance results. Honolulu: Geoscience and Remote Sensing Symposium (IGARSS).

Fang J Y, Chen A, Peng C, et al. 2001. Changes in forest biomass carbon storage in China between 1949 and 1998. Science, 292 (5525): 2320-2322.

Fang J, Guo Z, Piao S, et al. 2007. Terrestrial vegetation carbon sinks in China, 1981-2000. Science in China Series D: Earth Sciences, 50 (9): 1341-1350.

Feng X, Fu B, Lu N, et al. 2013. How ecological restoration alters ecosystem services: an analysis of carbon sequestration in China's Loess Plateau. Scientific Reports, 3: 28-46.

Foody G, Cutler M, Mcmorrow J, et al. 2001. Mapping the biomass of Bornean tropical rain forest from remotely sensed data. Global Ecology and Biogeography, 10 (4): 379-387.

Groot W J, Landry R, Kurz W A, et al. 2007. Estimating direct carbon emissions from Canadian wildland fires. International Journal of Wildland Fire, 16 (5): 593-606.

Hyde P, Nelson R, Kimes D, et al. 2007. Exploring LiDAR-RaDAR synergy: predicting aboveground biomass in a southwestern ponderosa pine forest using LiDAR, SAR and InSAR. Remote Sensing of Environment, 106 (1): 28-38.

IPCC. 2003. Good Practice Guidance for Land Use, Land-Use Change and Forestry. Kanagawa: Institute for Global Environmental Strategies IGES.

IPCC. 2006. IPCC Guidelines for National Greenhouse Gas Inventory. Kanagawa: Institute for Global Environmental Strategies IGES.

Kern J S. 1994. Spatial patterns of soil organic carbon in the contiguous United States. Soil Scicnce Society of America Journal, 58 (2): 439-455.

Krogh L, Noergaard A, Hermansen M, et al. 2003. Preliminary estimates of contemporary soil organic carbon stocks in Denmark using multiple datasets and four scaling-up methods. Agriculture, Ecosystems & Environment, 96 (1): 19-28.

Kurz W A, Dymond C C, White T M, et al. 2009. CBM-CFS3: A model of carbon-dynamics in forestry and land-use change implementing IPCC standards. Ecological Modelling, 220 (4): 480-504.

Lim K, Treitz P, Wulder M, et al. 2003. LiDAR remote sensing of forest structure. Progress in Physical Geography, 27 (1): 88-106.

Liu J, Chen J M, Cihlar J, et al. 1997. A process-based boreal ecosystem productivity simulator using remote sensing inputs. Remote Sensing of Environment, 62 (2): 158-175.

Masera O R, Garza-Caligaris J F, Kanninen M, et al. 2003. Modeling carbon sequestration in afforestation, agroforestry and forest management projects: The CO2FIX V. 2 approach. Ecological Modelling, 164 (2): 177-199.

Ni J. 2001. Carbon storage in terrestrial ecosystems of China: Estimates at different spatial resolutions and their responses to climate change. Climatic Change, 49 (3): 339-358.

Niu X, Wang B. 2014. Assessment of forest ecosystem services in China: A methodology. Journal of Food, Agriculture & Environment, 11 (3&4): 2249-2254.

Parton W J, Scurlock J M O, Ojima D S, et al. 1993. Observations and modeling of biomass and soil organic matter dynamics for the grassland biome worldwide. Global Biogeochemical Cycles, 7 (4): 785-809.

Peng C H, Liu J X, Dang Q L, et al. 2002. TRIPLEX: A generic hybrid model for predicting forest growth and carbon and nitrogen dynamics. Ecological Modelling, 153 (1): 109-130.

Pilli R, Grassi G, Kurz W A, et al. 2013. Application of the CBM-CFS3 model to estimate Italy's forest carbon budget, 1995-2020. Ecological Modelling, 266: 144-171.

Post W M, Emanuel W R, Zinke P J, et al. 1982. Soil carbon pools and world life zones. Nature, (298): 156-159.

Post W M, Peng T H, Emanuel W R, et al. 1990. The global carbon cycle. American Scientist, 78 (4): 310-326.

Potter C S, Randerson J T, Field C B, et al. 1993. Terrestrial ecosystem production: A process model based on global satellite and surface data. Global Biogeochemical Cycles, 7 (4): 811-841.

Running S W, Gower S T. 1991. FOREST-BGC, a general model of forest ecosystem processes for regional applications: II. Dynamic carbon allocation and nitrogen budgets. Tree Physiology, 9 (1-2): 147-160.

Sader S, Waide R, Lawrence W, et al. 1989. Tropical forest biomass and successional age class relationships to a vegetation index derived from Landsat TM data. Remote Sensing of Environment, 28: 143-198.

Scharpenseel H W, Becker-Heidmann P, Neue H U, et al. 1989. Bomb-carbon, ^{14}C-dating and ^{13}C:

Measurements as tracers of organic matter dynamics as well as of morphogenetic and turbation processes. Science of the Total Environment, (81): 99-110.

Schwartz D, Namri M. 2002. Mapping the total organic carbon in the soils of the Congo. Global and Planetary Change, 33 (1): 77-93.

Sellers P. 1985. Canopy reflectance, photosynthesis and transpiration. International Journal of Remote Sensing, 6 (8): 1335-1372.

Smith B, Knorr W, Widlowski J L, et al. 2008. Combining remote sensing data with process modelling to monitor boreal conifer forest carbon balances. Forest Ecology and Management, 255 (12): 3985-3994.

Smith J E, Heath L S. 2001. Identifying influences on model uncertainty: An application using a forest carbon budget model. Environmental Management, 27 (2): 253-267.

Stinson G, Kurz W A, Smyth C E, et al. 2011. An inventory: Based analysis of Canada's managed forest carbon dynamics, 1999 to 2008. Global Change Biology, 17 (6): 2227-2244.

Taylor A R, Wang J R, Kurz W A. 2008. Effects of harvesting intensity on carbon stocks in eastern Canadian red spruce (*Picea rubens*) forests: An exploratory analysis using the CBM-CFS3 simulation model. Forest Ecology and Management, 255 (10): 3632-3641.

Ter-Mikealian M T, Colombo S J, Chen J. 2009. Estimating natural forest fire return interval in north eastern Ontario, Canada. Forest Ecology and Management, 258 (9): 2037-2045.

Trotter C, Dymond J, Goulding C. 1997. Estimation of timber volume in a coniferous plantation forest using Landsat TM. International Journal of Remote Sensing, 18 (10): 2209-2223.

Wei X H, Blanco J A. 2014. Significant increase in ecosystem C can be achieved with sustainable forest management in subtropical plantation forests. PLoS ONE, 9 (2): e89688.

Zamolodchikov D G, Grabovsky V I, Korovin G N, et al. 2008. Assessment and projection of carbon budget in forests of vologda region using the Canadian model CBM-CFS. Lesovedenie, 6 (3): 3-14.

Zhang J, Chu Z Y, Ge Y, et al. 2008. TRIPLEX model testing and application for predicting forest growth and biomass production in the subtropical forest zone of China's Zhejiang Province. Ecological Modelling, 219 (3): 264-275.

Zhou W, Lewis B J, Wu S, et al. 2014. Biomass carbon storage and its sequestration potential of afforestation under Natural Forest Protection program in China. Chinese Geographical Science, 24 (4): 406-413.

| 第 3 章 | 重大生态工程固碳评价方法的应用

在第 2 章中我们建议了清查法、遥感法和模型法等方法来计算生态工程的碳储量，本章我们主要应用 CBM-CFS3 模型计算江西省退耕还林工程的固碳现状，并对退耕还林工程实施以来的固碳效益进行评估。

3.1 研 究 方 法

3.1.1 数据来源

本研究主要基于江西省第八次（2007~2011）森林资源清查数据、江西省退耕还林工程数据（2001~2009 年）和 2009 年江西省小班调查数据。CBM-CFS3 模型参数本地化所需数据主要参考罗云建等（2013）构建的中国森林生态系统生物量数据库。江西省退耕还林工程中主要为生态公益林，考虑到薪炭林和经济林固碳周期较短，本研究在计算碳储量时并未将其作为研究对象。此外，考虑到荒山荒地造林和封山育林数据只包含工程历年面积信息而缺乏主要树种历年面积信息，本研究将主要基于退耕地造林固碳效果来评估退耕还林工程固碳效益。

3.1.2 评估方法

3.1.2.1 固碳效益定义

本研究中我们按以下公式定义退耕还林工程的固碳效益：

$$固碳效益 = 造林地碳储量 - 农田碳储量 \tag{3-1}$$

$$农田碳储量 = 农作物碳储量 + 土壤碳储量 \tag{3-2}$$

3.1.2.2　CBM-CFS3 模型模拟工程碳储量

造林地碳储量由 CBM-CFS3 模型模拟得出，模型所需林分蓄积生长曲线采用空间代时间法来绘制，所需数据来自 2009 年江西省二类调查小班数据库。根据冯源的研究结果，为符合中国各类森林调查和退耕还林工程的实际情况，我们将非商品材碳库设为 0，幼树碳库参数采用模型默认值（冯源，2014；冯源等，2014）。本研究修改参数包括蓄积–干材生物量转换参数、各组分（树皮、树枝、树叶）比例参数、周转参数、分解参数和土壤碳库初始值。其中蓄积–干材生物量转换参数各组分比例参数的样本汇总情况见附表 3-1，蓄积–干材生物量转换方程［式（3-3）］和多项式对数回归模型［式（3-4）～式（3-7）］如下所示。模型周转和分解参数如表 3-1 和表 3-2 所示，土壤碳库初始值（土壤基线碳密度）取 32.53Mg/hm^2（刘苑秋等，2011），模型默认含碳率为 0.5。模型的详细使用方法、运算规则和碳库设置可参见 Stinson 等（2011）、付甜（2013）及冯源（2014）的文献。

表 3-1　周转阶段默认参数及本研究修改的参数

参数	默认参数	修改的参数					
		杉木	马尾松	湿地松	木荷	杨树	枫香、栲木、苦楝
商品材干材周转参数	0.0045～0.0067	0.0134	0.0163	0.0165	0.0072	0.0062	0.0062
其他木碳库周转参数	0.03～0.04	0.0194	0.0194	0.0194	0.0311	0.0289	0.0289
叶库周转参数	0.05～0.15（针叶林）	0.3356	0.3356	0.3356	0.6134	0.9524	0.9524
	0.95（阔叶林）	0.3356	0.3356	0.3356	0.6134	0.9524	0.9524
细根周转参数	0.641	1.4900	1.4330	1.4330	1.0920	1.2650	0.6410
粗根周转参数	0.02（针叶林）	0.0177	0.0177	0.0177	0.0327	0.0235	0.0235
	0.02（阔叶林）						
其他木–地上快速库转移比例	0.75						
细根–地下特快库转移比例	0.5						
粗根–地下快速库转移比例	0.5						

参数	默认参数	修改的参数					
		杉木	马尾松	湿地松	木荷	杨树	枫香、栲木、苦楝
枯干库-中速库物理转移率	0.032						
枯枝库-地上快速库物理转移率	0.1						
地上慢速库-地下慢速库物理转移率	0.006						

注：叶、粗根和其他木参数参考周涛等（2010）；杉木细根参数参考陈光水等（2004）和廖利平等（1995）；马尾松和湿地松的细根参数参考张小全和吴可红（2001）；木荷的细根参数参考施家月（2005）；杨树的细根参数参考王良桂等（2008）、李培芝等（2001）、何永涛等（2009）

表 3-2   模型分解阶段默认及本研究修改的参数

碳库	默认参数			修改参数		
	基本分解速率	温度系数（Q10）	CO_2 释放比例（Patm）	基本分解速率	温度系数（Q10）	CO_2 释放比例（Patm）
地上特快库	0.355	2.65	0.815	0.373	2.78	0.81
地上快速库	0.1435	2	0.83	0.19	3.51	0.815
地上慢速库	0.015	2.65	1	0.015	2.65	1
地下特快库	0.5	2	0.83	0.403	2.95	0.81
地下快速库	0.1435	2	0.83	0.214	4.19	0.83
地下慢速库	0.0033	1	1	0.0032	0.9	1

注：修改的参数参考 Smyth 等（2010）

蓄积-干材生物量转换方程：

$$B = aV^b \tag{3-3}$$

式中，V 为单位面积商品材材积（不包括树桩、梢头、树皮）（m^3/hm^2）；B 为商品材干材生物量（包括树桩、梢头，不包括树皮）（Mg/hm^2）；a、b 为模型参数。

树干、树皮、树枝及树叶占总地上生物量的比例计算公式多项式对数回归（multinomial logit model）模型：

$$P_{\text{stemwood}} = \frac{1}{1 + \exp[a_1 + a_2 \times V + a_3 \times \ln(V+5)] + \exp[b_1 + b_2 \times V + b_3 \times \ln(V+5)] + \exp[c_1 + c_2 \times V + c_3 \times \ln(V+5)]} \tag{3-4}$$

$$P_{\text{bark}} = \frac{\exp\left[a_1 + a_2 \times V + a_3 \times \ln(V+5)\right]}{1 + \exp\left[a_1 + a_2 \times V + a_3 \times \ln(V+5)\right] + \exp\left[b_1 + b_2 \times V + b_3 \times \ln(V+5)\right] +}{\exp\left[c_1 + c_2 \times V + c_3 \times \ln(V+5)\right]} \tag{3-5}$$

$$P_{\text{branches}} = \frac{\exp\left[b_1 + b_2 \times V + b_3 \times \ln(V+5)\right]}{1 + \exp\left[a_1 + a_2 \times V + a_3 \times \ln(V+5)\right] + \exp\left[b_1 + b_2 \times V + b_3 \times \ln(V+5)\right] +}{\exp\left[c_1 + c_2 \times V + c_3 \times \ln(V+5)\right]} \tag{3-6}$$

$$P_{\text{foliage}} = \frac{\exp\left[c_1 + c_2 \times V + c_3 \times \ln(V+5)\right]}{1 + \exp\left[a_1 + a_2 \times V + a_3 \times \ln(V+5)\right] + \exp\left[b_1 + b_2 \times V + b_3 \times \ln(V+5)\right] +}{\exp\left[c_1 + c_2 \times V + c_3 \times \ln(V+5)\right]} \tag{3-7}$$

式中，P_{stemwood}、P_{bark}、P_{branches}、P_{foliage} 分别为树干、树皮、树枝、树叶占地上生物量的比例；V 为单位面积的商品材材积（不包括树桩、梢头、树皮）（m^3/hm^2）；a_1、a_2、a_3、b_1、b_2、b_3、c_1、c_2、c_3 为模型参数。

3.1.2.3 农田碳储量

根据式（3-1）、式（3-2），我们在计算农作物碳储量时假定土壤基线碳储量为土壤碳储量。估算农作物碳储量所需作物面积和产量数据见附表 3-2，详细参数见附表 3-3，公式及参数说明如下。

$$S = \sum_{i=1}^{n} S_i = \sum_{i=1}^{n} \frac{C_i \times Q_i \times (1 - f_i)}{E_i \times R_i} \tag{3-8}$$

$$D = \frac{S}{A} = \sum_{i=1}^{n} \frac{S_i}{A} \tag{3-9}$$

式中，S 为农作物碳储量（Mg）；S_i 为第 i 类农作物碳储量（Mg）；C_i 为第 i 类农作物含碳率（%）；Q_i 为第 i 类农作物产量（t）；f_i 为第 i 类农作物含水率（%）；E_i 为第 i 类农作物经济系数，即果实部分占整个生物量的比例（%）；R_i 为根茎比；D 为区域农作物平均碳密度（Mg/hm^2）；A 为区域农作物面积（hm^2）。

3.2 结 果 分 析

3.2.1 江西省退耕还林工程现状

江西省于 2001 年在新余县、宜春市的樟树县、抚州市的宜黄县、上饶市的鄱阳县 4 地开展退耕还林试点工程，随后于 2002 年在全省正式开展。江西省退耕还林工程包括退耕地造林、荒山荒地造林和封山育林三部分，退耕地造林实施时间段为 2001～2006 年，荒山荒地造林实施时间段为 2001～2012 年，封山育林实施时间段为 2005 年、2008～2012 年，历年的实施面积如图 3-1 所示。退耕地造林和荒山荒地造林主要集中在 2002 年和 2003 年，封山育林的面积小于退耕地造林和荒山荒地造林。主要造林树种有杉木（*Cunninghamia lanceolata*）、马尾松（*Pinus massoniana*）、湿地松（*Pinus elliottii*）、枫香（*Liquidambar formosana*）、木荷（*Schima superba*）、桤木（*Alnus cremastogyne*）、杨树（*Populus simonii*）、苦楝（*Melia azedarach*）等。各主要造林树种在实施退耕还林工程的各市分布情况如图 3-2 所示，其中以抚州、宜春、吉安和赣州等地造林面积所占比例最大。根据国家森林资源连续清查技术规程中对主要树种的龄组划分标准，江西省退耕还林工程中 8 个主要造林树种都处于幼龄林阶段。

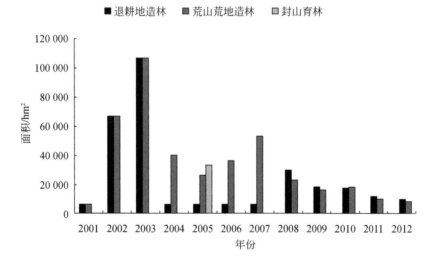

图 3-1　江西省退耕还林工程历年实施面积

3.2.2　CBM-CFS3 模型参数本地化

模型所需林分蓄积生长曲线拟合结果如表 3-3 所示，综合 4 个方程拟合精度评价指标来看，杨树的拟合效果较好，杉木的拟合效果较差。蓄积–干材生物量转换方程参数、树皮比例参数、树枝比例参数及树叶比例参数如表 3-4～表 3-7 所示。

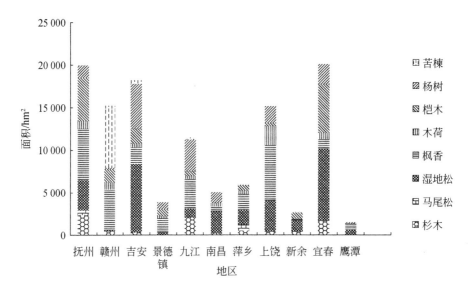

图 3-2　主要造林树种在退耕还林工程中的分布情况

表 3-3　各森林类型蓄积生长方程

优势树种	A	B	K	R^2	RMSE	MAD/%	MPE/%	P/%	Sig.
湿地松	148.23	5.49	0.10	0.86	9.22	7.90	13.57	70.70	0.0001
马尾松	136.28	1.88	0.03	0.90	8.12	6.66	−9.54	76.08	0.0001
杉木	166.25	3.54	0.11	0.66	31.50	24.35	−23.48	61.78	0.0001
杨树	92.44	2.32	0.09	0.99	1.73	1.50	−1.74	91.16	0.0001
苦楮枫	195.59	1.52	0.04	0.91	13.76	9.50	−1.41	85.71	0.0001
木荷	241.90	3.22	0.04	0.93	15.16	12.28	11.89	66.73	0.0001

注：Richards 方程形式为 $V=A(1-\exp(-Kt))^B$，其中 V 为蓄积量（m^3/hm^2），t 为年龄（a），A、B、K 为系数。R^2 为相关系数，RMSE 为均方根误差，MAD 为中位数绝对误差，MPE 为平均相对误差，P 为预测精度，Sig. 为显著性。下同

表 3-4　蓄积-干材生物量转换方程参数

树种	a	b	R^2	RMSE	P/%	Sig.
木荷	0.3915	1.0430	0.80	28.61	73.79	0.0001
马尾松	0.8270	0.8876	0.84	20.06	65.88	0.0001
湿地松	0.7655	0.8454	0.90	12.59	80.50	0.0001
杉木	0.3506	0.9730	0.95	13.62	79.19	0.0001

树种	a	b	R^2	RMSE	$P/\%$	Sig.
苦楝、桤木、枫香	0.2458	1.0875	0.95	10.75	77.06	0.0001
杨树	0.3976	0.9933	0.92	18.72	72.68	0.0001

表 3-5 树皮比例参数

树种	a_1	a_2	a_3	R^2	RMSE	$P/\%$	Sig.
木荷	−1.0518	−0.0015	−0.1394	0.49	0.04	74.36	0.0179
马尾松	−0.3708	0.0006	−0.3799	0.48	0.05	78.02	0.0001
湿地松	−0.2028	0.0002	−0.3462	0.42	0.05	73.40	0.0003
杉木	0.3077	0	−0.0332	0.28	0.04	97.71	0.0001
苦楝、桤木、枫香	−2.4894	−0.0017	0.1505	0.08	0.04	79.36	0.6435
杨树	−0.1957	0.0004	−0.368	0.50	0.05	75.71	0.0001

表 3-6 树枝比例参数

树种	a_1	a_2	a_3	R^2	RMSE	$P/\%$	Sig.
木荷	−1.058	0.0036	−0.2742	0.15	0.12	50.52	0.3679
马尾松	0.6829	0.0003	−0.4952	0.56	0.10	68.97	0.0001
湿地松	−0.8868	−0.0034	0.0101	0.58	0.13	72.71	0.0001
杉木	0.5314	−0.0003	−0.4563	0.57	0.09	70.10	0.0001
苦楝、桤木、枫香	1.7163	0.0055	−0.832	0.54	0.17	62.54	0.0197
杨树	−0.1092	0.0014	−0.2936	0.10	0.14	72.26	0.127

表 3-7 树叶比例参数

树种	a_1	a_2	a_3	R^2	RMSE	$P/\%$	Sig.
木荷	−1.7337	0.0011	−0.2597	0.10	0.02	66.14	0.5213
马尾松	0.6968	−0.0007	−0.6485	0.63	0.08	55.69	0.0001
湿地松	1.9741	−0.0002	−0.8006	0.65	0.10	51.16	0.0001
杉木	1.2716	−0.0012	−0.5712	0.73	0.14	63.55	0.0001

树种	a_1	a_2	a_3	R^2	RMSE	P/%	Sig.
苦楝、桤木、枫香	0.3489	0.0015	−0.6613	0.72	0.03	69.29	0.0017
杨树	2.8643	0.0063	−1.3255	0.42	0.09	38.10	0.0001

3.2.3 退耕还林工程植被和土壤碳密度

CBM-CFS3 模型对植被和土壤碳密度的模拟结果如表 3-8 所示，其中木荷林的植被和土壤碳密度最大，分别为 25.27Mg/hm² 和 32.75Mg/hm²；马尾松林的植被碳密度最小，为 8.42Mg/hm²。

表 3-8 基于 CBM-CFS3 模型的植被和土壤碳密度

树种	碳密度/（Mg/hm²）	
	植被	土壤
杉木	11.24	32.07
马尾松	8.42	32.07
湿地松	9.24	31.88
木荷	25.27	32.75
杨树	9.18	32.44
苦楝、桤木、枫香	10.22	32.15

3.2.4 农田植被碳密度

江西省 2001～2009 年农田植被碳密度如表 3-9 所示，计算得农作物 9 年间植被碳密度均值为 （4.89±0.31） Mg/hm²。

表 3-9 江西省农田植被碳储量和碳密度

年份	碳储量/Tg								总计/Tg	平均碳密度/（Mg/hm²）
	薯类	油菜	豆类	花生	棉花	玉米	小麦	水稻		
2001	0.41	1.31	0.73	0.50	0.11	0.08	0.11	15.28	18.53	4.57

年份	碳储量/Tg								总计/Tg	平均碳密度/(Mg/hm²)
	薯类	油菜	豆类	花生	棉花	玉米	小麦	水稻		
2002	0.38	1.08	0.67	0.50	0.09	0.07	0.08	14.87	17.74	4.56
2003	0.35	1.03	0.60	0.45	0.11	0.08	0.05	13.94	16.61	4.48
2004	0.34	1.13	0.53	0.39	0.12	0.06	0.06	16.18	18.81	4.77
2005	0.36	1.18	0.56	0.38	0.12	0.08	0.05	17.08	19.81	4.90
2006	0.35	1.21	0.60	0.39	0.13	0.08	0.04	18.11	20.91	5.04
2007	0.41	1.18	0.61	0.46	0.08	0.08	0.04	18.51	21.47	5.16
2008	0.39	1.46	0.60	0.45	0.16	0.09	0.04	19.08	22.27	5.22
2009	0.40	1.72	0.60	0.46	0.17	0.10	0.04	19.53	23.02	5.28

3.2.5 退耕地造林碳储量现状及固碳效果

退耕地造林碳储量结果如表 3-10 所示。我们在利用 CBM-CFS3 模型模拟的土壤碳密度估算土壤碳储量的同时，也利用土壤基线碳密度计算了退耕前的土壤基线碳储量，结果表明实施退耕地造林区域，土壤碳储量减少了 45 782Mg，然而随着造林树种生长，植被碳库增加了 695 254.02Mg，单位面积年均增加量 0.65Mg/hm²，退耕地造林区域总碳储量增加了 649 472.02Mg，年均增加量为 0.07Tg，单位面积年均增加量为 0.61Mg/hm²。

表 3-10 退耕地造林碳储量

树种	碳储量/Mg		
	植被	土壤	土壤基线
杉木	96 387.75	275 050.99	278 958.51
马尾松	13 949.54	53 133.42	53 892.93
湿地松	288 510.98	995 303.09	1 015 721.02
木荷	171 567.12	222 381.68	220 857.87
杨树	157 439.06	556 399.81	557 896.79
苦楝、楹木、枫香	550 662.98	1 732 022.38	1 752 746.25
总计	1 278 517.43	3 834 291.37	3 880 073.37

3.3 讨论与结论

（1）基于 CBM-CFS3 模型的杉木、马尾松、湿地松、枫香、木荷、栲木、杨树、苦楝的植被碳密度（包括根系）与蓄积–生物量法的计算结果相比较如表 3-11 所示。从结果看，CBM-CFS3 模型模拟针叶树种碳密度结果与蓄积–生物量法的计算结果最接近，而阔叶树种则差异较大，木荷的碳密度模拟结果远高于蓄积–生物量法，苦楝、栲木和枫香的模拟结果落在两种蓄积–生物量法之间。这两种蓄积–生物量法虽然都是材积源法，但理论内涵不同（方精云等，2002；徐新良等，2007），蓄积–生物量法计算的针叶林的生物量密度较为接近，而阔叶林差异较大，可能和阔叶树种的参数适用性以及建模样本数有关。

表 3-11 基于 3 种方法的植被碳密度均值

树种	碳密度/（Mg/hm²）				标准差（±）
	分龄级方法	换算因子连续函数法	CBM-CFS3	平均值	
杉木	12.18	12.90	11.24	12.11	0.83
马尾松	10.49	14.66	8.42	11.19	3.18
湿地松	19.69	14.83	9.24	14.59	5.23
木荷	11.60	5.99	25.27	14.29	9.92
杨树	14.14	16.39	9.18	13.24	3.69
苦楝、栲木、枫香	12.04	4.25	10.22	8.84	4.08

（2）农田碳储量主要包括农作物植被碳储量和土壤碳储量。我们计算 2001 ~ 2009 年江西省 8 类主要农作物的平均碳密度为（4.89±0.31）Mg/hm²，略低于安徽省的平均水平，但处于四川省和江西省其他研究结果范围内（表 3-12）。同样，我们设定的土壤基线碳密度 32.53 Mg/hm² 也落在其他研究结果范围内。与此同时，我们比较了中亚热带部分地区 0 ~ 20cm 土壤碳密度随不同土地利用变化时间的变化情况（表 3-13），结果表明土地利用变化时间不同，土壤碳密度变化速率也不同，并且随土地利用变化时间变长，土壤碳密度变化速率变小。通过对收集的样本数据进行回归分析，结果如图 3-3 所示，回归关系显著，方程斜率为 0.1111，我们认为中亚热带地区退耕地造林后 0 ~ 20cm 土层平均土壤碳密度变化

表 3-12　不同地区农田植被和土壤碳密度

省 （直辖市）	区域	农田植被 碳密度/ （Mg/hm²）	农田土壤 土层/cm	农田土壤 碳密度/ （Mg/hm²）	文献
四川	兰亭县	2.74~9.67			罗怀良，2009
	兰亭县		0~100	49.3	罗怀良等，2010
	成都	2.62~7.81			张剑等，2009
	重庆	2~6.1			
	宜宾	1.91~7.81			
江西	鄱阳湖区	9.6			金姝兰等，2011
	鄱阳湖区		0~20	39.11	邰继承，2012
	余江		0~20	60~75.96	刘清等，2009
	千烟洲	3~5.4	未说明	42.89~54.2	李家永和 袁小华，2001
	全省	4.52			傅强等，2012
	全省		0~25		傅清等，2010
福建	建瓯市万木林 自然保护区		0~20	17.23	杨玉盛等，2007
			0~100	69.42	
	浦城县		耕层	33.1~33.7	龙军，2012
重庆	南川市，四川 盆地与贵州高原 过渡地带	3.28~7.81			罗怀良等，2008
安徽	皖江城市带	6.57~13.73			谷家川和 查良松，2012
全国	华东地区		0~20	35.5	刘庆花等，2006
			0~20	31.5	许泉等，2006

表 3-13　中亚热带地区土壤碳密度随不同退耕年限变化情况

退耕年限/a	土壤碳密度变化速率 /[Mg/（hm²·a）]	样点数
1~5	0.28±0.45	35
6~10	0.22±0.23	12
11~15	0.18±0.03	3

退耕年限/a	土壤碳密度变化速率 /[Mg/(hm² · a)]	样点数
16 ~	0.1±0.18	4

注：参考李品荣等，2008；胡宁，2009；钟晓娟，2012；蒋勇军等，2005；张喜等，2010；杨怀林和任建，2012；吴健平等，2006；李生等，2008；廖洪凯等，2012；郑杰炳，2007；杨渺，2007；何建林等，2009；任伟，2010；李东等，2009；杨丁丁等，2007；刘方，2002；田大伦等，2010；刘苑秋等，2011；康苗等，2012

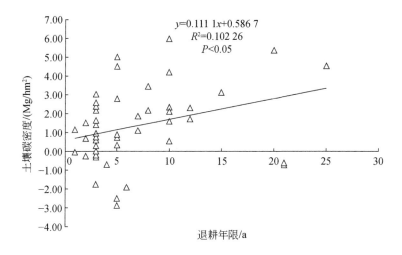

图 3-3　土壤碳密度与退耕年限间线性回归关系

速率为 0.11Mg/(hm² · a)，低于 Zhang 等 （2010） 0.4Mg/(hm² · a) 和 Deng 等 （2014） 0.13Mg/(hm² · a) 的研究结果。CBM-CFS3 模型模拟的土壤碳密度变化结果如图 3-4 所示，结果表明退耕地造林 10 年内，土壤碳库为弱碳源，碳释放速率为 0.03Mg/(hm² · a)，随着土地利用变化时间变长，土壤碳库逐渐表现为碳汇，并且土壤碳密度变化速率越来越大，当模拟到 50 年时，变化速率为 0.12Mg/(hm² · a)，与我们对文献数据整合分析的结果比较接近。通过以上分析，CBM-CFS3 模型对土地利用变化后土壤碳库的模拟结果可信，我们选择 32.53Mg/hm² 作为工程土壤碳密度基线，而 CBM-CFS3 模型土壤碳密度初始值比较准确。

（3） IPCC （2007） 报告表明在 1995 ~ 2005 年全球森林共固定碳 60 ~ 80 Pg，占到同期化石燃料碳排放量的 12% ~ 15%。基于森林资源清查资料的研究结果表

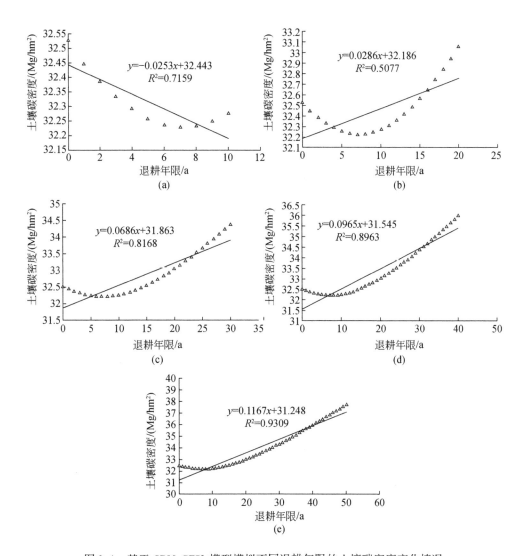

图 3-4　基于 CBM-CFS3 模型模拟不同退耕年限的土壤碳密度变化情况
（a）模拟 10 年：-0.0253Mg/hm²；（b）模拟 20 年：0.0286Mg/hm²；（c）模拟 30 年：0.0686Mg/hm²；
（d）模拟 40 年：0.0965Mg/hm²；（e）模拟 50 年：0.1167Mg/hm²

明，1981～2000 年中国森林植被固定的碳相当于同期化石燃料碳排放量的
14.6%～16.1%（方精云等，2007）。由于江西省退耕还林工程中荒山荒地造林
部分缺乏详细的造林树种面积数据，我们以退耕地造林的植被碳密度估算荒山荒
地造林植被碳储量（2001～2009 年），结果为 4.34Tg，退耕地造林和荒山荒地造

林总植被碳储量为 5.68Tg，略低于 Ostwald 等（2013）的研究结果，可能原因是 Ostwald 等（2013）采用 IPCC 缺省值。江西省退耕还林工程森林植被平均固碳速率为 0.65Mg/（$hm^2 \cdot a$），处于中国 1990～1999 年和 2000～2007 年的平均固碳速率 0.43Mg/（$hm^2 \cdot a$）和 0.77Mg/（$hm^2 \cdot a$）（郭兆迪等，2013）之间，低于全球平均固碳速率 1.6Mg/（$hm^2 \cdot a$）（Sathaye et al.，2001），处于北半球主要国家和地区森林植被固碳能力范围内（表 3-14）。工程区植被碳密度为 10.72Mg/hm^2，低于"十五"期间江西省森林植被平均生物量碳密度 26.27Mg/hm^2（其中林下植被层碳密度为 3.3～6.9Mg/hm^2）（李鑫等，2001），同时低于中国 1973～2003 年幼龄林生物量碳密度平均值多期清查结果 14.22～19.51Mg/hm^2（徐新良等，2007）以及 1977～2008 年幼龄林生物量碳密度平均值多期清查结果 14.4～18.9Mg/hm^2（郭兆迪等，2013）。截至 2009 年，退耕地造林和荒山荒地造林面积占同期全省森林面积的 6.71%，实施退耕还林的 9 年间年均固碳量为 0.32Tg，占江西省 2009 年化石燃料碳排放量的 1%（钟悦之，2011），固碳效果还不明显，随着林龄的增长和营林措施的改善，具有较大的固碳潜力。

表 3-14　北半球主要国家和地区森林生物量固碳能力

国家/地区	固碳能力/［Mg/（$hm^2 \cdot a$）］	
	1990～1999 年	2000～2007 年
中国[①]	0.43	0.77
加拿大	0.03	−0.21
美国[②]	0.47	0.58
欧洲	1.09	1.31
日本	1.01	0.99
俄罗斯	0.33	0.61

注：①不含台湾、香港和澳门地区；②仅包含美国本土和阿拉斯加东南部。数据整理自郭兆迪等（2013）和 Pan 等（2011）

参 考 文 献

陈光水，何宗明，谢锦升，等 . 2004. 福建柏和杉木人工林细根生产力、分布及周转的比较 . 林业科学，40（4）：15-21.

方精云，陈安平，赵淑清，等 . 2002. 中国森林生物量的估算：对 Fang 等 Science 一文的若干说明 . 植物生态学报，26（2）：243-249.

方精云, 郭兆迪, 朴世龙, 等 . 2007. 1981~2000 年中国陆地植被碳汇的估算 . 中国科学: 地球科学, 37 (6): 804-812.

冯源 . 2014. 基于 CBM 模型云南普洱地区森林生态系统碳收支研究 . 北京: 中国林业科学研究院 .

冯源, 付甜, 朱建华, 等 . 2014. 加拿大碳收支模型 (CBM-CFS3) 原理、结构及应用 . 世界林业研究, 27 (3): 87-91.

付甜 . 2013. 基于 CBM-CFS3 模型的三峡库区主要森林生态系统碳计量 . 北京: 中国林业科学研究院 .

傅强, 康文星, 吴湘雄 . 2012. 江西省农作物对大气 CO_2 吸收能力的研究 . 中南林业科技大学学报, 23 (4): 117-121.

傅清, 赵小敏, 袁芳 . 2010. 江西省农田耕层土壤有机碳量分析 . 土壤通报, 41 (4): 835-838.

谷家川, 查良松 . 2012. 皖江城市带农作物碳储量动态变化研究 . 长江流域资源与环境, 21 (12): 1507-1513.

郭兆迪, 胡会峰, 李品, 等 . 2013. 1977-2008 年中国森林生物量碳汇的时空变化 . 中国科学: 生命科学, 43 (5): 421-431.

何建林, 何丙辉, 陈晓燕, 等 . 2009. 小流域土地利用变化对土壤养分的影响 . 水土保持研究, 16 (6): 220-228.

何永涛, 石培礼, 张宪洲, 等 . 2009. 拉萨河谷杨树人工林细根的生产力及其周转 . 生态学报, 29 (6): 2877-2883.

胡宁 . 2009. 岩溶区不同退耕模式下土壤有机碳、无机磷变异特征研究 . 重庆: 西南大学 .

蒋勇军, 袁道先, 章程, 等 . 2005. 典型岩溶农业区土地利用变化对土壤性质的影响: 以云南小江流域为例 . 地理学报, 60 (5): 751-760.

金姝兰, 朱子明, 徐彩球 . 2011. 鄱阳湖生态经济区植被固碳研究 . 亚热带植物科学, 40 (1): 24-27.

康苗, 冯磊, 孙保平, 等 . 2012. 重庆合川区坡耕地退耕还林后改土效应研究 . 中国农学通报, 28 (16): 89-94.

李东, 王子芳, 郑杰炳, 等 . 2009. 紫色丘陵区不同土地利用方式下土壤有机质和全量氮磷钾含量状况 . 土壤通报, 40 (2): 310-314.

李家永, 袁小华 . 2001. 红壤丘陵区不同土地利用方式下有机碳储量的比较研究 . 资源科学, 23 (5): 73-76.

李培芝, 范世华, 王力华, 等 . 2001. 杨树细根及草根的生产力与周转的研究 . 应用生态学报, 12 (6): 829-832.

李品荣, 陈强, 常恩福, 等 . 2008. 滇东南石漠化山地不同退耕还林模式土壤地力变化初探 . 水土保持研究, 15 (1): 65-68, 71.

李生, 张守攻, 姚小华, 等 . 2008. 黔中石漠化地区不同土地利用方式对土壤环境的影响 . 长江流域资源与环境, 17 (3): 384-389.

李鑫, 欧阳勋志, 刘琪璟.2011. 江西省 2001~2005 年森林植被碳储量及区域分布特征. 自然资源学报, 26 (4): 655-665.

廖洪凯, 龙健, 李娟.2012. 土地利用方式对喀斯特山区土壤养分及有机碳活性组分的影响. 自然资源学报, 27 (12): 2081-2090.

廖利平, 陈楚莹, 张家武, 等.1995. 杉木、火力楠纯林及混交林细根周转的研究. 应用生态学报, 6 (1): 7-10.

刘芳.2002. 杉木光皮桦纯林及混交林生物量. 浙江林学院学报, 19 (2): 33-37.

刘清, 孙波, 解宪丽, 等.2009. 县域尺度红壤丘陵区水稻土有机碳模拟. 土壤学报, 46 (6): 1059-1067.

刘庆花, 史学正, 于东升, 等.2006. 中国水稻土有机和无机碳的空间分布特征. 生态环境, 15 (4): 659-664.

刘苑秋, 王芳, 柯国庆, 等.2011. 江西瑞昌石灰岩山区退耕还林对土壤有机碳的影响. 应用生态学报, 22 (4): 885-890.

龙军.2012. 亚热带不同耕地土壤和利用类型对"碳源/汇"贡献的差异研究. 福州: 福建农林大学.

罗怀良.2009. 川中丘陵地区近 55 年来农田生态系统植被碳储量动态研究: 以四川省盐亭县为例. 自然资源学报, 24 (2): 251-258.

罗怀良, 袁道先, 陈浩.2008. 南川市三泉镇岩溶区农田生态系统植被碳库的动态变化. 中国岩溶, 27 (4): 382-387.

罗怀良, 王慧萍, 陈浩.2010. 川中丘陵地区近 25 年来农田土壤有机碳密度变化: 以四川省盐亭县为例. 山地学报, 28 (2): 212-217.

罗云建, 王效科, 张小全, 等.2013. 中国森林生态系统生物量及其分配研究. 北京: 中国林业出版社.

任伟.2010. 岩溶山地典型植被恢复过程中土壤性质变化研究. 重庆: 西南大学.

施家月.2005. 天童常绿阔叶林次生演替过程中细根的周转和养分动态. 上海: 华东师范大学.

邰继承.2012. 不同土地利用和起源农田土壤有机碳及其组分含量变化. 南京: 南京农业大学.

田大伦, 尹刚强, 方晰, 等.2010. 湖南会同不同退耕还林模式初期碳密度、碳贮量及其空间分布特征. 生态学报, 30 (22): 6297-6308.

王良桂, 朱强根, 张焕朝, 等.2008. 苏北杨树人工林细根生产力与周转. 南京林业大学学报(自然科学版), 32 (5): 76-80.

吴建平, 吴天乐, 田育新, 等.2006. 坡耕地不同植被恢复对土壤理化性质的影响. 湖南林业科技, (6): 41-43.

徐新良，曹明奎，李克让．2007．中国森林生态系统植被碳储量时空动态变化研究．地理科学进展，26（6）：1-10．

许泉，芮雯奕，何航，等．2006．不同利用方式下中国农田土壤有机碳密度特征及区域差异．中国农业科学，39（12）：2505-2510．

杨丁丁，罗承德，宫渊波，等．2007．退耕还林区林草复合模式土壤养分动态．林业科学，（S1）：101-105．

杨怀林，任建．2012．不同土地利用类型下川西亚高山土壤活性有机碳研究．陕西林业科技，（3）：1-6，13．

杨渺．2007．退耕地土壤有机碳库特征及碳周转相关因子对植被恢复模式的响应．雅安：四川农业大学．

杨玉盛，谢锦升，盛浩，等．2007．中亚热带山区土地利用变化对土壤有机碳储量和质量的影响．地理学报，62（11）：1123-1131．

张剑，罗贵生，王小国，等．2009．长江上游地区农作物碳储量估算及固碳潜力分析．西南农业学报，22（2）：402-408．

张喜，连宾，尹洁，等．2010．不同土地利用方式对高原喀斯特洼地土壤主要特性的影响．安徽农业科学，38（11）：5771-5775．

张小全，吴可红．2001．森林细根生产和周转研究．林业科学，37（3）：126-138．

郑杰炳．2007．土地利用方式对土壤有机碳固定影响研究．重庆：西南大学．

钟晓娟．2012．云南巧家县退耕还林生态效应评价．北京：北京林业大学．

钟悦之．2011．江西省碳排放时空变化特征研究．南昌：江西师范大学．

周涛，史培军，贾根锁，等．2010．中国森林生态系统碳周转时间的空间格局．中国科学：地球科学，40（5）：632-644．

Deng L, Liu G B, Shangguan Z P. 2014. Land-use conversion and changing soil carbon stocks in China's 'Grain-for-Green' program: A synthesis. Global Change Biology, 20 (11): 3544-3556.

IPCC. 2007. Climate Change 2007: The Physical Scientific Basis. The Fourth Assessment Report of Working Group. Cambridge: Cambridge University Press.

Ostwald M, Persson M, Moberg J, et al. 2013. The Chinese Grain for Green Programme: Assessing the carbon sequestered via land reform. Journal of Environmental Management, (126): 142-146.

Pan Y D, Birdsey R A, Fang J Y, et al. 2011. A large and persistent carbon sink in the world's forests. Science, 333 (6045): 988-993.

Sathaye J A, Makundi W R, Andrasko K, et al. 2001. Carbon mitigation potential and costs of forestry options in Brazil, China, India, Indonesia, Mexico, the Philippines and Tanzania. Mitigation and Adaptation Strategies for Global Change, 6 (3-4): 185-211.

Smyth C E, Trofymow J A, Kurz W A, et al. 2010. Decreasing Uncertainty in CBM-CFS3 Estimates of Forest Soil Carbon Sources and Sinks Through Use of Long-term Data from the Canadian Intersite Decomposition Experiment. Victoria: Pacific Forestry Centre.

Stinson G, Kurz W A, Smyth C E, et al. 2011. An inventory-based analysis of Canada's managed forest carbon dynamics, 1999 to 2008. Global Change Biology, 17 (6): 2227-2244.

Zhang K, Dang H, Tan S, et al. 2010. Change in soil organic carbon following the 'Grain-for-Green' programme in China. Land Degradation & Development, 21 (1): 13-23.

附表 3-1 样本情况

树种		林龄/a	胸径/cm	树高/m	林分蓄积 /(m³/hm²)	干皮 /(Mg/hm²)	干材 /(Mg/hm²)	树枝 /(Mg/hm²)	树叶 /(Mg/hm²)	样本数
木荷	范围 R	8~150	4.10~42.20	4.80~24.30	7.08~412.30	5.01~20.420	20.31~261.10	3.70~118.30	1.02~14.10	15
	平均值 M	40.77	16.51	13.40	185.80	12.26	93.37	27.44	6.23	
	标准差 SD	34.44	9.31	5.13	121.54	4.82	66.82	34.33	3.83	
马尾松林	范围 R	5~46	4.08~32.30	3.48~24.10	4.03~558	0.66~26.20	1.80~185.36	1.78~32.80	1.02~12.38	49
	平均值 M	18.98	12.50	10.80	132.52	7.69	59.94	11.98	4.87	
	标准差 SD	10.39	6.19	4.79	105.51	5.42	50.04	7.65	2.61	
湿地松	范围 R	5~42	6.50~26	3.42~24	10.22~490.24	1.46~33.08	4.25~155.72	2.22~33.62	1.61~22.20	33
	平均值 M	14	14.05	10.72	149.63	9.15	50.34	13.34	8.49	
	标准差 SD	8.19	4.83	4.92	132.45	6.45	40.21	6.76	4.63	
杉木	范围 R	5~87	3~28.90	2.02~28.20	2.29~249 8	0.61~61.60	1.20~430.70	0.30~45.62	0.70~16.60	132
	平均值 M	17.88	14.48	12.02	229.68	10.82	68.92	10.02	8.74	
	标准差 SD	11.45	5.30	5.14	200.16	8.25	59.82	5.46	2.95	
苦槠、枫木、枫香	范围 R	5~51	3.61~23.30	3.89~22.40	5.82~389.22	0.31~18.95	2.9~154.86	3.32~61.86	0.78~9.39	13
	平均值 M	14.46	12.62	12.34	130.67	7.46	52.13	16.96	4.10	
	标准差 SD	15.77	6.63	5.68	123.23	6.45	51.10	19.71	2.75	
杨树	范围 R	5~50	4.10~25.50	3.80~21.20	13.01~113.68	1.19~35.90	4.92~244.79	1.43~113.68	0.37~37.87	44
	平均值 M	20.05	14.54	12.81	202.28	11.24	77.82	26.23	10.38	
	标准差 SD	13.711 23	5.91	4.24	173.71	7.83	68.33	25.18	12.24	

附表 3-2　江西省主要农作物产量表（2001～2009 年）

年份	薯类 面积/10³hm²	薯类 万t	油菜 面积/10³hm²	油菜 万t	豆类 面积/10³hm²	豆类 万t	花生 面积/10³hm²	花生 万t	棉花 面积/10³hm²	棉花 万t	玉米 面积/10³hm²	玉米 万t	小麦 面积/10³hm²	小麦 万t	水稻 面积/10³hm²	水稻 万t	总计 面积/10³hm²
2009	139.13	59.54	538.49	60.96	153.96	26.89	146.39	38.2	75.51	12.51	16.09	7.29	9.94	1.91	3282.06	1905.9	4361.57
2008	130.96	59.11	486.27	51.63	160.26	26.73	141.96	36.79	66.56	11.19	15.64	6.58	10.2	1.89	3255.54	1862.13	4267.39
2007	134.61	61.21	402.23	41.71	165.79	27.14	152.11	38.27	81.67	12.76	15.54	6.39	11.2	1.98	3194.33	1806.4	4157.48
2006	115.52	51.68	418.65	42.83	160.41	26.82	132.56	32.16	65.72	9.5	15.89	6.09	12.39	2.04	3227.14	1766.9	4148.28
2005	121.21	54.58	409.7	41.68	154.23	24.87	135.07	31.66	63.9	8.72	16.51	6.25	15.91	2.73	3129	1667.2	4045.53
2004	123.46	50.91	400.46	40.09	158.81	23.77	134.52	31.8	62.5	8.48	14.36	4.8	19.06	2.93	3029.74	1579.4	3942.91
2003	137.66	52.45	428.05	36.48	184.43	26.8	166.78	36.83	65.51	7.61	17.5	6.27	20.61	2.89	2685.27	1360.54	3705.81
2002	145.4	56.7	482.9	38.4	203.3	29.9	176.7	40.8	55	6.69	16.8	5.5	28.5	4.3	2786.6	1451.6	3895.2
2001	162.7	62	547.69	46.33	226.1	32.7	183.38	40.86	70.52	8.05	19.9	6.2	38.3	5.9	2808.3	1491.4	4056.89

注：整理自江西省统计年鉴

附表 3-3　主要农作物碳储量估算参数

参数	种类 薯类	油菜	豆类	花生	棉花	玉米	小麦	水稻
含水率/%	15	7	7.61	7.61	7.61	7.71	7	15
含碳率/%	43.76	44.74	44.25	44.25	44.25	45.64	45.61	41.44
经济系数/%	55.69	15.33	35	35	35	46.14	33.27	0.55
根茎比	—	0.04	0.92	0.04	0.19	0.44	0.48	0.6

资料来源：罗怀良，2009

| 第4章 | 我国重大生态工程固碳认证方法

4.1 固碳认证的必要性和相关概念

4.1.1 重大生态工程固碳认证的意义和必要性

工业革命以来，由于人类化石燃料燃烧和土地利用变化导致 CO_2 排放 480Pg C（Malhi et al.，2002）。近 10 年，全球平均 CO_2 浓度年增加量为（2.0 ± 0.1）ppm[①]/a（IPCC，2013）。2016 年 4 月 22 日，175 个国家签署了《巴黎协定》，为 2020 年后全球应对气候变化行动作出安排。森林在全球和区域碳循环中具有重要作用。目前全球森林生物量碳储量为（363 ± 28）Pg C，东亚地区和中国生物量碳储量分别占全球的 2.46% 和 1.69%（Pan et al.，2011；Fang et al.，2014）。同时，在森林的固碳方面，全球每年森林的总固碳量为（2.4 ± 0.4）Pg C/a（Pan et al.，2011）。东亚季风区亚热带森林净生态系统生产力（net ecosystem exchange，NEP）占全球森林 NEP 的 8%（Yu et al.，2014）。我国目前森林的固碳能力为 78.8Tg C/a，并将持续到 21 世纪中叶（Hu et al.，2015）。通过林业生态系统固定 CO_2 以减缓全球气候变化已成为国际社会的基本共识（方精云等，2015）。林业碳汇是《京都议定书》规定的温室气体减排途径之一（Schlamadinger et al.，1998；张小全，2011）。在《京都议定书》规定的清洁发展机制（CDM）下，发达国家可通过林业碳汇项目获得碳信用额度用于抵减温室气体排放量（Jung，2005）。人口密度与森林碳密度之间具有显著负相关关系（Wang et al.，2001）。全球每年由于人类毁林产生的碳排放量高达（2.9 ± 0.5）Pg C/a，是仅次于化石燃料燃烧的碳排放源（Pan et al.，2011）。为减少发展中国家因毁林和森林退化造成的碳排放，《联合国气候变化框架公约》（UNFCCC）

[①] $1ppm = 10^{-6}$。

2005 年第 11 届缔约方大会上正式提出了"减少毁林及退化造成的碳排放"（reducing emissions from deforestation and degradation，REDD）项目，REDD+ 是 REDD 的延伸，其中"+"指增加碳储量（袁梅等，2009）。明确 CDM 林业碳汇项目和 REDD+项目对温室气体减排的贡献要求项目的固碳能力具有可测量性、可报告性和可核实性（Vine et al.，2000；Gupta et al.，2012）。

目前，国内外已有学者对林业碳汇项目的固碳能力展开研究，认为项目的开展具有可观的固碳效益（Shin and Torn，2007；欧光龙等，2010；魏亚韬，2011；李梦等，2013）。然而，林业碳汇项目固碳的有效性要求将项目隐藏的碳成本和碳泄漏剔除以保证固碳的额外性（陈先刚等，2009）。林业碳汇项目边界内的碳成本来源于营造林过程生产和运输物资产生的碳排放，物资的种类包括燃油、灌溉、肥料、药剂和建材（Smith and Torn，2013；刘博杰等，2016 a）。另外，林业碳汇项目可通过活动转移、市场影响、排放转移和生态泄漏直接或间接导致边界外温室气体排放增加或减少，即"碳泄漏"（武曙红等，2006）。从泄漏对温室气体影响的性质可分为正泄漏和负泄漏（张小全和武曙红，2010）。正泄漏指边界内的减排减少了边界外的源排放，又称为"正方向溢出"（Ravindranath and Ostwald，2009）；负泄漏指边界内的减排增加了边界外的源排放（Henders and Ostwald，2012）。

碳成本和碳泄漏或多或少抵消了林业碳汇项目的固碳效益。林业碳汇项目对温室气体减排的实际贡献应体现为净固碳能力，即实测固碳量扣除碳成本和碳泄漏（逯非，2009）。目前国内外学者对造林项目净固碳能力的研究均在较小尺度上展开，对碳成本和碳泄漏的计算也有待完善（Shin et al.，2007；欧光龙等，2010；魏亚韬，2011；李梦等，2013）。

生态系统的过度开发和利用引起生态系统退化和碳损失，而重大生态工程可能增加区域内林草植被和土壤的碳储量，同时各工程的实施由于化石燃料（煤炭、汽油、柴油）和电力、通过化石能源消费生产的产品（钢材、水、水泥、杀虫剂、除草剂、化肥）的消耗以及经济林施肥 N_2O 的排放在边界内产生"碳成本"；由于农业、林业、畜牧业活动转移、生态移民、煤炭替代以及工程区域内土壤侵蚀量降低在边界外产生"碳泄漏"。本研究分别以天然林资源保护工程、退耕还林（草）工程、京津风沙源治理工程为研究对象，基于各工程碳成本、碳泄漏、固碳量的计算，研究了各工程的净固碳量，对揭示各重大生态工程在减缓全球气候变化和温室气体减排的净贡献方面具有重要意义。

4.1.2 重大生态工程固碳认证的相关概念

4.1.2.1 生态系统碳源、汇、库

碳库，指在碳循环过程中，地球系统各个所存储碳的部分，主要分为地质碳库、海洋碳库、土壤碳库、生态系统碳库等。现已知道，人类活动致使地质碳库变成了巨大的碳源，而海洋碳库则是巨大的碳汇。现阶段人类活动影响最为显著的碳库是陆地生态系统碳库。人类活动致使土壤碳库逐渐变成碳源，而生态系统的固碳功能正在减弱。《联合国气候变化框架公约》将碳汇定义为从大气中清除 CO_2 的过程、活动或机制，将碳源定义为向大气中释放 CO_2 的过程、活动或机制。从碳库对全球大气 CO_2 含量变化的贡献来看，可以把碳库分为碳源和碳汇两种类型的碳库。衡量一个碳库是碳源的库还是碳汇的库，主要的指标为 CO_2 生态系统净交换（net ecosystem exchange，NEE）量，NEE 量指陆地与大气界面生态系统 CO_2 净交换通量，即生态系统整体获得或损失的碳量，是衡量生态系统碳源碳汇的重要指标，一般与净生态系统生产力相同。

4.1.2.2 增汇、减排与固碳

增汇是通过人类管理手段提高陆地生态系统碳汇强度的过程；减排是指通过减少干扰、控制化石能源燃烧、提高燃料效率等人类管理手段，减少生态系统向大气排放 CO_2 的速度；固碳又称为碳固持，指通过人类的管理行为提高生态系统吸收大气 CO_2 的速度或者降低生态系统碳库分解为大气 CO_2 的速度，以将更多的碳固定在生态系统碳库中。以上三者的本质均是通过人类管理活动，降低大气 CO_2 浓度，减缓全球气候变化。

4.1.2.3 固碳认证

"认证"（certification）的英文原意是一种出具证明文件的行动。《国际标准化组织/国际电工委员会（ISO/IEC）指南 2》（1986）中对"认证"的定义是"由可以充分信任的第三方证实某一经鉴定的产品或服务符合特定标准或规范性文件的活动"。当前对固碳的认证，就是按照"可测量、可报告和可核实"的要求，根据国际通用的标准和规范，通过基线、泄漏、额外性和持久性等方面，定

量论证或"鉴定"人为固碳行为和项目对减缓全球变暖和大气温室气体浓度升高的实际贡献。中国进行固碳认证,出发点是基于新时期现代农、林、牧业发展与中国节能减排的双重需要。由于中国是发展中国家,现价段还没有减排的义务。在坚持"共同但有区别"原则的基础上,着手为以后的实质性减排做一些基础的准备工作十分必要。通过固碳认证,将明确中国陆地生态系统管理产生的固碳减排量,为指定国家节能减排、碳汇管理和生态补偿等政策的制定和参与相关国际谈判提供依据,并可通过国内志愿减排的碳汇市场,在国内的政府部门之间、不同的行政区域之间、企业和政府之间、企业与企业之间进行有效流转。同时,不排除通过跨国企业的减排行为,走向国际碳市场。

4.1.2.4 当前林业固碳认证主要标准

固碳措施认证的主要标准是 VCS(voluntary carbon standard),也称资源碳标准,由气候集团、国际排放协会和世界经济论坛联合在 2005 年启动。另外还有气候、社区和生物多样性项目设计标准(CCB 标准)、清洁发展机制(CDM)认证、ISO14064 温室气体核证。我国有北京环境交易所开发的熊猫标准,湖南和湖北自行开发的区域性标准,台湾地区有金龙标准等。

4.1.2.5 固碳的"三可"(可测量、可报告、可核实)

2007 年联合国第十三次缔约方大会通过的"巴厘行动计划"中要求发展中国家采取"可测量、可报告和可核实"("三可",measurable,reportable,verifiable of carbon emissions reductions,MRV)的国内适当的减缓行动以减缓温室气体的排放。发展中国家国内适当的减缓行动(NAMAs)需要得到发达国家"可测量、可报告和可核实"的资金、技术和能力建设支持。"三可"强调发展中国家的减缓行动,要求考虑最适合各国国情的减缓政策与措施,同时考虑每个发展中国家的发展需要和制度条件。固碳的"三可"具体为:可测量,主要是指采取的对策本身和对策的结果是可以测量的;可报告,能够按照 UNFCCC 或其他达成一致的要求进行报告;可核实,能够通过协商一致的方式进行核实,包括国内核实和国际核实。

4.1.2.6 固碳措施的碳泄漏

泄漏是由固碳项目活动引起项目边界内或边界外的温室气体排放量的增加,而在没有该固碳项目活动时,这些温室气体排放增加是不会发生的(张小全和武曙红，2010）。IPCC 则将泄漏定义为在某块土地上进行的无意识的固碳活动直接或间接地引发了某种活动，它们会部分或全部抵消最初行动的固碳效果。CDM 造林、再造林等固碳项的泄漏因素一般包括：化石燃料燃烧［包括运输工具的使用、燃油机械设备的使用、与造林或再造林活动间接相关的上游（如肥料生产等）和下游（如木材加工等）生产活动引起化石燃料燃烧的排放］、肥料施用（化肥的生产运输及引起的 N_2O 直接排放和间接排放的增加）、生物质燃烧、种植固氮树木或植物、饲料生产、活动转移、围栏建设、灌溉与排水、整地、育苗、市场影响和道路建设等。附件 B 国家的部分减排量可能被不受约束国家的高于其基线水平的排放增加部分所抵消。碳泄漏主要通过以下过程发生：①不受约束区域能源密集型生产的迁移；②由于对石油和天然气的需求下滑而引发国际油气价格下降，从而导致的这些区域化石燃料消费上升；③良好的贸易环境导致收入变化（因此导致能源需求变化）。泄漏也指发生在项目边界外，可以衡量的和归因于这项活动的，与温室效益有关的温室气体减排或 CO_2 固定项目活动。多数情况下，泄漏被认为与最初的活动相反。然而，也许有这样一些情况，归结于项目区域外的活动的效应导致温室气体的减排。这通常称为溢出效应。虽然，经检验（负面）泄漏导致减排被低估，但并非在所有情况下都完全归于正溢出效应。

4.1.2.7 固碳持久性与非持久性

固碳的持久性又称永久性，是指在一定时间内或固定时期内碳储存量或碳汇量持续增多或稳定。由于很难预测火灾、病虫害等自然灾害和采伐、毁林等人为行为，所以经常有导致固碳项目的温室气体效益发生逆转，造成非持久性。例如，人的行为、项目活动的实施，以及没有任何可供选择的资源替代已减少的土地、粮食、燃料和木材等可能导致项目区内的碳损失。所谓非持久性，是指造林或再造林活动营造的森林吸收的 CO_2 会因采伐、火灾、病虫害、毁林等人为或自然的原因释放进入大气，导致 CDM 造林再造林项目活动的温室气体效益发生逆转的现象。而能源或工业等部门的减排项目在基线情景基础上减排 $1tCO_2$ 时，产生的是永久的净减排效益（张小全和武曙红，2010）。当估算碳获得量时，非持久性是一个重要的参数，需要仔细计算碳储存量的损失量和排出量（Ravindranath and Ostwald，2009）。

4.1.2.8 固碳额外性

固碳额外性（additionality）也称附加性，是指在没有京都协议有关条款定义的某项联合实施活动和某个清洁发展机制的情况下，可能出现的任何减少源排放或通过汇增加碳清除的额外部分。该定义可进一步拓展，以包括金融、投资、技术和环境的额外性。在金融额外性下，项目活动经费是现有全球环境基金、《京都议定书》附件一中缔约方的其他经济承诺、官方发展援助和其他合作系统的额外部分。在投资额外性中，减排单位/经认证的减排单位的值能够显著提高项目活动的金融和商业的可行性。在技术额外性下，用于项目活动的技术是主办方现有条件下的最佳技术。环境额外性是指，由于开展的某个项目，与其基线相比，温室气体减排后使环境的完整性提升。如果从销售排放许可中得到的激励有助于克服实施过程中的障碍，某个项目活动则将进一步增加。林业项目的固碳额外性是指造林或再造林等固碳项目活动产生的项目净固碳量超过基线碳储量变化量以上的情景。CDM造林再造林项目活动的额外性是指，如果拟议的CDM造林或再造林项目活动产生的实际净温室气体汇清除，大于没有该CDM造林或再造林项目活动时项目边界内碳库中碳储量变化之和，则该CDM造林或再造林项目活动就是额外性的。额外性是指温室气体汇清除相对于基线情景是额外的。实际上，上述额外性隐含着几方面的额外性，即环境额外性、资金额外性、投资额外性、技术额外性和政策额外性，这也是为什么CDM执行理事会批准的CDM造林再造林项目活动额外性评价工具，要求从投资、资金、技术、政策等方面论证拟议的CDM造林或再造林项目活动面临的障碍（张小全和武曙红，2010）。

由于项目活动与估算基线情景有联系，所以，额外性或附加性是与估算碳储存量的变化量相关的概念。项目的目的是希望减少CO_2的排放量或增加碳储存量。额外性是CO_2排放量额外地减少或碳储存量额外地增多。定量地讲，额外性是与基线水平相关的。额外性在没有项目时不发生。虽然项目活动通常假设与基线情景有所不同，但是有时项目活动和基线情景具有有效的一致性，不产生额外性。

4.2 生态工程温室气体泄漏和净固碳效益研究进展

4.2.1 森林经营与管理活动边界内温室气体排放和边界外碳泄漏的研究进展

4.2.1.1 森林经营与管理活动边界内温室气体排放的界定和计算方法

区分和界定森林经营与管理活动边界内温室气体排放和边界外碳泄漏的排放源是对二者进行客观计量的前提。目前 CDM 造林再造林项目对森林经营与管理边界内温室气体排放源已有较为统一的界定（张小全和武曙红，2010），主要包括：使用机械引起化石燃料燃烧温室气体排放；施用氮肥引起的 N_2O 排放；炼山或火灾中生物质燃烧引起的非 CO_2 温室气体排放；种植固氮植物（树种）引起的 N_2O 排放；由于整地和林分竞争导致原有林木或非林木植被碳储存量下降。计量以上各项温室气体排放源均有相应的方法，其中温室气体排放因子大多使用 IPCC 缺省值（张小全和武曙红，2010）。基于对 CDM 造林再造林方法学的总结和转化，结合我国林业建设和管理实际，原国家林业局造林绿化管理司先后编制了《造林项目碳汇计量与监测指南》（国家林业局造林绿化管理司，2014）、《碳汇造林项目方法学》和《森林经营碳汇项目方法学》。《造林项目碳汇计量与监测指南》规定边界内温室气体排放源包括使用机械引起的化石燃料燃烧碳排放、施氮肥引起的 N_2O 排放以及炼山或火灾导致的碳排放；而《碳汇造林项目方法学》和《森林经营碳汇项目方法学》仅考虑了炼山或火灾产生的温室气体排放。

国内学者对森林经营与管理边界内温室气体排放的研究主要集中于造林碳汇项目，空间尺度较小并且森林经营与管理措施以造林为主，边界内的温室气体排放主要来自使用机械消耗的化石燃料燃烧、运输工具消耗的化石燃料燃烧和施用含氮肥料引起的 N_2O 排放（欧光龙等，2010；魏亚韬，2011；尹晓芬等，2012；李梦等，2013；赵福生等，2015）（表 4-1）。由于以上造林碳汇项目不涉及固氮植物的种植，因此未考虑固氮植物的 N_2O 排放。除此之外，基于上述研究对项目边界内温室气体排放的计量是"事前估计"，无法预测项目边界内未来的火灾

表 4-1 国内外森林经营与管理边界内温室气体排放的研究案例

案例名称	空间尺度/km²	时间尺度	边界内温室气体排放源	边界内温室气体排放量/Gg C		温室气体排放速率/[kg C/(hm²·a)]		参考文献
				分项	合计	分项	合计	
贵州省贞丰县林业碳汇项目	28.10	2009~2028年	燃油机械消耗化石燃料	0.44	0.81	7.79	14.30	尹晓芬等,2012
			施用含氮肥料引起的 N_2O 排放	0.37		6.51		
			运输工具燃烧化石燃料	可忽略		可忽略		
克拉玛依造林减排项目	29.98	2001~2009年	燃油机械消耗化石燃料	0.27	0.27	9.96	9.96	赵福生等,2015
			运输工具燃烧化石燃料	可忽略		可忽略		
八达岭造林碳汇项目	2.07	2008~2027年	燃油机械消耗化石燃料	可忽略	3.892×10^{-7}	可忽略	0.01	魏亚韬,2011
			施用含氮肥料引起的 N_2O 排放	可忽略		可忽略		
			运输苗木燃烧化石燃料	3.892×10^{-7}		0.01		
浙江省嘉兴市碳汇造林项目	1.27	2011~2031年	燃油机械消耗化石燃料	可忽略	2.387×10^{-4}	可忽略	9.40	李梦等,2013
			施用含氮肥料引起的 N_2O 排放	可忽略		可忽略		
			运输苗木燃烧化石燃料	2.387×10^{-4}		9.40		
云南省临沧市菁桐能源林造林项目	157.2	2007~2027年	施用含氮肥料引起的 N_2O 排放	45.41	46.25	144.4	147.1	欧光龙等,2010
			运输工具燃烧化石燃料	0.84		2.67		

续表

案例名称	空间尺度/km²	时间尺度	边界内温室气体排放源	边界内温室气体排放量/Gg C		温室气体排放速率/[kg C/(hm²·a)]		参考文献
				分项	合计	分项	合计	
天然林资源保护工程	2.1×10^4	2000~2010年	机械清理整地消耗化石燃料	32.29	2445	1.40	105.8	刘博杰等，2016a
			造林地施肥 N_2O 排放	264.4		11.44		
			灌溉耗电	3.43		0.15		
			肥料生产	589.5		25.51		
			药剂（杀虫剂、除草剂）生产	134.9		5.84		
			建材（水泥、钢铁、水）生产	1052		45.51		
			运输物资消耗化石燃料	69.42		3.00		
			森林管护消耗化石燃料	299.4		12.96		
退耕还林（草）工程	1.94×10^5	2000~2010年	机械清理整地消耗化石燃料	243.3	1.409×10^4	1.14	66.04	刘博杰等，2016b
			造林地施肥 N_2O 排放	1617		7.58		
			灌溉耗电	54.95		0.26		
			肥料生产	7687		36.02		
			药剂（杀虫剂、除草剂）生产	486.8		2.28		
			建材（水泥、钢铁、水）生产	3751		17.58		
			运输物资消耗化石燃料	251.2		1.18		

续表

案例名称	空间尺度/km²	时间尺度	边界内温室气体排放源	边界内温室气体排放量/Gg C 分项	边界内温室气体排放量/Gg C 合计	温室气体排放速率/[kg C/(hm²·a)] 分项	温室气体排放速率/[kg C/(hm²·a)] 合计	参考文献
美国加利福尼亚州苗圃经营与管理	—	2009 年	苗圃基地耗电	0.55		463.6		Kendall and McPherson, 2012
			现场运输和机械消耗化石燃料	0.23		190.9		
			加热温室用丙烷燃料燃烧	0.53		452.7		
			生产盆栽混合基质	0.32		267.3		
			生产肥料	0.31	2.94	261.8	2494	
			生产氯消毒剂	1.09×10⁻³		1.01		
			生产种植塑料容器	0.41		349.1		
			生产苗圃木桩	1.23×10⁻⁴		10.91		
			运输物资消耗化石燃料	0.47		398.2		
			施肥土壤消耗 N₂O 排放	0.12		98.18		
美国卡斯克德山西部花旗松经营与管理温室气体排放	—	—	生产苗木消耗肥料					Sonne, 2006
			生产苗木消耗药剂（杀虫剂、除草剂、杀菌剂）	16×10⁻⁶/hm²		0.32		
			生产苗木耗电					
			运输苗木消耗化石燃料	14×10⁻⁶/hm²		0.27		
			整地消耗除草剂	33×10⁻⁶/hm²	1.71×10⁻³/hm²	0.65	34.24	
			整地过程生物质燃烧排放 CH₄、NOₓ、CO	1091×10⁻⁶/hm²		21.82		
			整地机械消耗化石燃料					
			抚育施肥消耗肥料	518×10⁻⁶/hm²		10.36		
			抚育除草消耗除草剂	41×10⁻⁶/hm²		0.82		

续表

案例名称	空间尺度/km²	时间尺度	边界内温室气体排放源	边界内温室气体排放量/Gg C 分项	合计	温室气体排放速率/[kg C/(hm²·a)] 分项	合计	参考文献
欧洲森林经营与管理	—	—	清理整地、造林、抚育和采伐过程所需肥料和药剂的生产；使用机械和运输物资消耗的化石燃料燃烧	$(14 \sim 734) \times 10^{-9}/(\mathrm{m^3 \cdot a})$ 原木	$(14 \sim 734) \times 10^{-9}/(\mathrm{m^3 \cdot a})$ 原木	—	—	González-García et al., 2014
芬兰木材生产净碳收支	—	—	生产苗木消耗化石燃料、运输苗木消耗化石燃料、机械整地消耗化石燃料、清理采伐剩余物消耗化石燃料、短途运输薪材消耗化石燃料、长途运输薪材消耗化石燃料、机械切割薪材消耗化石燃料	$(87.27 \sim 152.7) \times 10^{-9}/\mathrm{m^2}$	$(87.27 \sim 152.7) \times 10^{-9}/\mathrm{m^2}$	$10.9 \sim 19.1$	$10.9 \sim 19.1$	Kilpelainen et al., 2011
挪威东部森林经营与管理	—	2010年	生产种子和种苗耗电	0.33	32.61	—	—	Timmermann and Dibdiakova, 2014
			生产种子和种苗消耗化石燃料	0.17		49.19		
			机械清理整地消耗化石燃料	0.032		3.83		
			造林运输苗木消耗化石燃料	0.24		11.57		
			机械幼林抚育消耗化石燃料	0.007		11.06		
			直升机喷洒除草剂消耗化石燃料	0.20		357.0		
			直升机喷洒肥料消耗化石燃料					

续表

案例名称	空间尺度/km²	时间尺度	边界内温室气体排放源	边界内温室气体排放量/Gg C		温室气体排放速率/[kg C/(hm²·a)]		参考文献
				分项	合计	分项	合计	
挪威东部森林经营与管理	—	2010年	机械修枝消耗化石燃料	0.0025		7.31	—	Timmermann and Dibdiakova, 2014
			林区道路建设和更新	0.56		—		
			机械抚育间伐消耗化石燃料	3.45		—		
			机械采伐消耗化石燃料	10.08	32.61	—		
			其他机械采伐和薪材收集消耗的化石燃料	0.53		—		
			公路运输薪材消耗化石燃料	15.47		—		
			铁路运输薪材消耗化石燃料和耗电	1.54		—		
意大利栎树新造林固碳	2.736×10^{-9}	2000~2014年	清理整地、种植、修枝、抚育间伐、薪材采伐使用机械消耗化石燃料以及运输消耗化石燃料	$8.4 \times 10^{-8}/hm^2$	$8.4 \times 10^{-8}/hm^2$	59.79	59.79	Proietti et al., 2016
意大利杨树和胡桃树新造林固碳	1.2×10^{-7}	2000~2014年	清理整地、护根、种植、除草、虫害防治、薪材采伐使用机械消耗化石燃料以及运输消耗化石燃料	$2.82 \times 10^{-3}/hm^2$	$2.82 \times 10^{-3}/hm^2$	201.8	201.8	Proietti et al., 2016
意大利橄榄新造林固碳	—	2000~2014年	清理整地、种植、施肥、病虫害防治、除草、修枝、枝条切削、收集消耗化石燃料以及运输消耗化石燃料	$7.01 \times 10^{-3}/hm^2$	$7.01 \times 10^{-3}/hm^2$	501.1	501.1	Proietti et al., 2016

发生情况，因此也未考虑森林火灾造成的项目边界内温室气体排放。刘博杰等（2016a，b）研究了天然林资源保护工程和退耕还林工程实施期间工程边界内的温室气体排放，不同于较小空间尺度的造林碳汇项目，重大生态工程涉及的措施不仅包括造林，还包括森林管护、森林基础设施建设、迹地更新、退耕还林还草等一系列森林经营与管理措施。因此，在计算边界内温室气体排放时不仅考虑了使用机械和运输物资消耗化石燃料导致的碳排放以及施用含氮肥料导致的 N_2O 排放，还考虑了生产化石能源产品（肥料、药剂、建材和耗电）导致的温室气体排放。所有边界内的温室气体排放统称为"碳成本"（刘博杰等，2016a，b）。无论是化石燃料消耗、化石能源产品消耗还是经济林造林地 N_2O 排放产生的碳排放，都可以用如下通式计算：

$$GE = EF \times QC \tag{4-1}$$

式中，GE 为森林经营与管理边界内温室气体排放量；EF 为化石燃料、化石能源产品的碳排放参数或施加单位重量肥料造林地 N_2O 排放量；QC 为化石燃料、化石能源产品的消耗量或施加的肥料重量。

不同于国内学者的研究，国外学者近期的研究大多从种苗生产与造林至木材生产与废弃物处理全生命周期（LCA）的温室气体排放进行研究。温室气体排放源主要来自六部分：清理整地（造林地清理、松土、生物质燃烧），新造林抚育（施肥、幼林除草、病虫害防治），营林作业（修枝、抚育间伐、森林主伐、采伐物装载、采伐物从主伐现场运输至林区道路），辅助设施建设和物资生产（机械生产和维护、林区道路建设、林区房屋建设、种苗生产、物资运输），原木由林区道路运输至木材加工厂，现场切割采伐物（Klein et al.，2015）。由于相同研究边界所包含的碳排放过程相似，因此本章归纳了基于不同研究系统边界典型案例的温室气体排放源及排放量（表4-1）。LCA 研究的系统边界"起点"包括种苗生产（Sonne，2006；Gaboury et al.，2009；Kilpelainen et al.，2011；Kendall and McPherson，2012；Timmermann and Dibdiakova，2014）、造林种植前清理整地（González- García et al.，2014）和林木采伐（Martinez- Alonso and Berd asco，2015；White et al.，2005）；系统边界"终点"包括种苗生产（Kendall and McPherson，2012）、林木采伐（Sonne，2006；González- García et al.，2014）、木材加工厂（Martinez- Alonso and Berdasco，2015；Kilpelainen et al.，2011；Timmermann and Dibdiakova，2014）和废弃木产品处理处置（White et al.，2005）。研究区域多集中在美国、斯堪地那维亚地区和德国（Klein et al.，2015），研究树种以具有较高经济价值的树种为主，包括花旗松 [*Pseudotsuga menziesii*

(Mirbel) Franco] (Sonne, 2006; González- García et al., 2013; González- García et al., 2014)、黑云杉 [*Picea mariana* (Mill.) B. S. P.] (Gaboury et al., 2009)、欧洲云杉 [*Picea abies* (L.) Karst] (Kilpelainen et al., 2011; Routa et al., 2011; González-García et al., 2014)、欧洲赤松 (*Pinus sylvestris* L.) (Timmermann and Dibdiakova, 2014; Routa et al., 2011)、橄榄 (Proietti et al., 2016)、栎树 (Proietti et al., 2016) 和胡桃树 (Proietti et al., 2016)。在研究方法与数据获取方面，森林经营与管理方式和物资消耗量数据主要来自文献调研、统计数据和实地访谈 (González-García et al., 2014; Timmermann and Dibdiakova, 2014)。除此之外，营造林过程消耗物资的数据还来自数据库如 ecoinvent、Gemis、GHGenius、US Life Cycle Inventory Database、IDEMAT、GREET、Franklin 98 和 Maine Forest Service Database (Neupane et al., 2011; González- García et al., 2014; Timmermann and Dibdiakova, 2014; Klein et al., 2015; Martinez- Alonso and Berdasco, 2015; Proietti et al., 2016)。生命周期评价方法主要采用 CML2001 (González- García et al., 2014)、SETAC (Society of Environmental Toxicology and Chemistry) (White et al., 2005)、GHG Protocol (Sonne, 2006)、Eco- Indicator (Neupane et al., 2011)、TRACI2 (Jonsson et al., 2012)、ReCiPe Midpoint (González-García et al., 2013; Timmermann and Dibdiakova, 2014) 和 EPD 2013 (Environmental Product Declarations) (Proietti et al., 2016)。Klein 等 (2015) 将关于林业 LCA 研究的 28 篇文章得到的温室气体排放结果统一单位至单位体积带皮薪材 ($1m^3$ over bark) 并进行了对比分析。研究发现，由于模型假设和计算参数的不同，不同研究针对相同排放过程计算得到的碳排放结果差异较大 (Klein et al., 2015)。从种植前清理整地至林木采伐的碳排放为 0. 65 ~ 16. 25kg C/m^3 带皮薪材，考虑薪材运输至木材加工厂后的碳排放，碳排放增至 1. 72 ~ 18. 3kg C/m^3 带皮薪材 (Klein et al., 2015)。

对比国内外研究不难发现，国内研究主要针对造林和营林过程的温室气体排放，不计入营造林前端的种苗生产和后端的林木采伐、采伐物运输及木产品加工与处理，计算数据来源主要以文献调研和实地访谈为主，计算方法主要采用 CDM 推荐的边界内温室气体排放核算方法；国外研究主要针对生产单位体积木产品的碳排法，考虑的温室气体排放边界更加复杂，计算数据来源和核算方法也更加多样化。基于不同研究的空间尺度、时间尺度、研究目标、边界划定、木材用途不同，森林经营与管理边界内温室气体排放量的单位有所不同 (表4-1)，这使得不同研究结果的直接可对比性不强。然而，将各项森林经营与管理措施产生的温室气体排放量统一单位至单位时间单位面积碳排放时发现，由于不同研究所针对的树种和所处地区不同、营造林过程单位面积使用的物资量和使用年限不同，导致相同营造林措施在不同研究的碳排放速率有所不同。例如，运输物资消耗化石燃料的碳排放在 0.01 ~ 398.18kg C/(hm² · a)；造林施用含氮肥料引起的 N_2O 排放从可忽略不计至 1617.27kg C/(hm² · a)（表 4-1）。在同样的时间尺度和空间尺度下，较为复杂集约化的营造林模式比简单粗放型的营造林模式产生更多的碳排放。相比粗放型经营管理的生态林，由于肥料的施用和灌溉量的增加，营造单位面积经济林产生的碳排放速率是生态林的 10 ~ 15 倍（表 4-1）。除此之外，前期苗圃内生产单位面积苗木产生的碳排放速率是后期单位面积营造林产生的碳排放速率的 5 ~ 250 倍（表 4-1）。因此，从林木生长的整个生命周期看，最前端苗圃内的苗木生产可能是林木生长周期重要的温室气体排放组成部分。

综合国内外相关研究，对于森林经营与管理活动主要温室气体排放源的研究结果具有一定差异性。刘博杰等（2016a）和 Gaboury 等（2009）发现道路建设与维护是森林经营与管理最大的温室气体排放源，占边界内温室气体排放总量的 45% 左右；Berg 和 Lindholm（2005）及 Timmermann 和 Dibdiakova（2014）认为薪材的道路运输是最大的碳排放源，占温室气体排放总量的 47.4% ~ 56%，其次是机械采伐过程；而 Sonne（2006）指出机械采伐相比薪材的运输是主要的碳排放源，占温室气体排放总量的 51%。Timmermann 和 Dibdiakova（2014）研究表明生产肥料产生的碳排放只占温室气体排放总量的不到 1%，而刘博杰等（2016b）认为肥料生产和施肥中 N_2O 排放是退耕还林工程最大的温室气体排放源，占碳排放总量的 66%。以上研究基于不同的系统边界和计算参数，因此对于主要温室气体排放源的界定存在差异。但总体上，森林经营与管理过程的温室气体排放源主要来自基础设施建设、施肥、林木机械采伐和薪材的运输，而清理整地（Sonne，2006；刘博杰等，2016a，b）、机械修枝（Timmermann and Dibdiakova，2014）、生产药剂（刘博杰等，2016a，b）和运输物资（Sonne，2006；刘博杰等，2016a，b）产生的碳排放占边界内温室气体排放总量的比例较小。

减少森林经营与管理边界内温室气体排放的途径包括对营造林活动进行合理规划以减少林区道路和围栏等基础设施建设消耗建材带来的碳排放（刘博杰等，2016a），经济林施肥采用精准施肥以减少生产肥料产生的碳排放和 N_2O 排放（刘博杰等，2016b）。除此之外，升级改造已有林区道路以缩短采伐林地至木材加工厂的运输距离也是减少营造林主要碳排放源的途径（Timmermann and Dibdiakova，2014）。

然而，有关森林经营与管理活动边界内的温室气体排放量的计算方法和结果表示还具有一定的不确定性。这些不确定性主要来自边界划定的不确定（González-García et al.，2013；Klein et al.，2015）、计算参数的不确定（Soone，2006）和排放量使用单位的不统一（Sonne，2006；Klein et al.，2015）。边界划定的不确定性指对森林经营与管理活动所包含的碳排放源的界定可能存在重叠和遗漏（Sonnemann et al.，2003；Sonne，2006；González-García et al.，2013）；计算参数的不确定性指产生碳排放的物资消耗量和碳排放参数可能会由于空间异质性产生差异，而使用统一的计算参数会带来较大误差（Sonne，2006）。减少计算边界内温室气体排放量不确定性的途径包括：边界的划定尽可能全面包含与营造林碳排放相关的所有活动，包括在林地直接产生的碳排放（整地、种植、抚育）和林地外间接产生的碳排放（运输物资、基础设施建设）（Klein et al.，2015）；当研究对象空间尺度较大时，各项活动单位面积消耗的物资量和碳排放参数的选取需考虑空间异质性（刘博杰等，2016a，b）；温室气体排放量的结果尽可能表示为每项营造林活动产生的碳排放速率 [kg C/(hm^2·a)] 以增加不同研究结果或不同活动产生碳排放的可对比性（Klein et al.，2015；刘博杰等，2016 a，b）。

4.2.1.2 森林经营与管理活动边界外碳泄漏的界定和计算方法

1）森林经营与管理活动边界外碳泄漏的界定

碳泄漏指一个地区温室气体减排项目的实施导致的其他地区温室气体排放的增加或减少（Kim et al.，2014）。从泄漏对温室气体影响的性质可分为正泄漏和负泄漏（张小全和武曙红，2010）。正泄漏指边界内的减排项目减少了边界外的源排放，又称为"正方向溢出"（Ravindranath and Ostwald，2009）；负泄漏指边界内的减排项目增加了边界外的源排放（Henders and Ostwald，2012）。在温室气体排放计量中一般不考虑正泄漏（Henders and Ostwald，2012）。CDM 造林再造林项目（CDM-AR）碳泄漏指发生于项目边界之外的，由项目引起并且可测量的温室气体源排放的增加量（武曙红等，2006）。森林经营与管理活动产生碳泄漏的途径包括：活动转移，即森林经营与管理的实施导致区域内维持农民生计的活动受到限制，从而导致活动转移至边界外的周边地区并引起碳排放量增加（武曙红等，2006）；市场泄漏，指森林经营与管理活动的实施改变相关商品与服务的供求平衡及价格平衡，从而引起项目边界外的碳排放增加或减少（武曙红等，2006）；排放转移，也称生命周期排放转移，指森林经营与管理活动导致周边地区其他相关活动源排放增加（Schwarze et al.，2002；武曙红等，2006）；生态泄漏，指森林经营与管理活动改变区域生态环境，从而使周边地区碳排放增加或减少（武曙红等，2006）。Aukland 等（2003）将森林经营与管理活动的碳泄漏分为基础泄漏（primary leakage）和次级泄漏（secondary leakage）。基础泄漏指森林经营与管理活动直接导致边界内的碳排放转移至边界外，如薪炭材采伐、木材采伐和放牧活动转移（Ravindranath and Ostwald，2009）；次级泄漏指森林经营与管理活动间接刺激其他地区碳排放增加（Ravindranath and Ostwald，2009），如一个地区由于森林保护导致木材产量减少和木材价格升高，从而加剧了其他地区的木材采伐（Aukland et al.，2003）。次级泄漏与基础泄漏的区别在于：产生次级泄漏主体并非直接由边界内转移而来，而是由边界内森林经营与管理活动间接引发的其他主体所造成（Henders and Ostwald，2012）。除此之外，基础泄漏通常只发生在森林经营与管理活动的周边地区，而次级泄漏由于受市场效益的影响（Schwarze and Ostwald，2002），可在国家甚至全球尺度上产生（Henders and Ostwald，2012）。

2）活动转移碳泄漏

Henders 和 Ostwald（2012）归纳了以下 3 类活动转移碳泄漏的计算方法：工程边界内禁伐导致边界外采伐量增加产生的碳泄漏、边界内退耕还林导致边界外耕地开垦面积增加产生的碳泄漏、边界外不合理的薪材收集导致当地森林退化产生的碳泄漏。活动转移碳泄漏的计算方法涉及以下 5 种：直接测量法、访谈和入户调查法、文献调研法、减排因子法、模型法（Henders and Ostwald，2012）。

直接测量法研究碳泄漏的前提是活动转移的主体较为明确且可以长时间监测其转移活动（Henders and Ostwald，2012）。例如，通过直接测量森林保护项目实施前后项目边界外的采伐量之差计算相应的采伐活动转移碳泄漏（Henders and Ostwald，2012；刘博杰等，2016 a）；通过直接测量造林项目实施前后项目边界外耕地的面积变化计算相应的耕地开垦碳泄漏（刘博杰等，2016b）。访谈和入户调查法研究碳泄漏的前提是假设活动转移仅发生在项目开展的周边地区，且这种方法主要是用于"事前"的泄漏分析（De Jong et al.，2007）。例如，在造林项目实施前通过对项目边界内农户农业活动的调查预估项目开展导致的耕地开垦碳泄漏（De Jong et al.，2007；Henders and Ostwald，2012）。文献调研法是通过文献资料获取活动转移的相关数据（Lasco et al.，2007；Sun and Sohngen，2009；

刘博杰等，2016a，b）。减排因子法是通过活动转移的强度确定碳泄漏在项目温室气体减排中所占的比例（Henders and Ostwald，2012）。例如，当边界外耕地开垦面积超过项目造林面积的 10% 时，碳泄漏的大小为项目温室气体减排效益的 15%（Henders and Ostwald，2012）。模型法是以碳泄漏为因变量，影响碳泄漏的可能因素为自变量，通过构建碳泄漏与预测变量的函数关系探讨不同情景下的碳泄漏。由此揭示项目的开展可能产生的碳泄漏及其影响因素（Boer et al.，2007；Lasco et al.，2007）。

国内外有关活动转移碳泄漏的研究主要结合如下几种方法：直接测量法（刘博杰等，2016a，b）、访谈和入户调查法（De Jong et al.，2007）、文献调研法（Henders and Ostwald，2012；刘博杰等，2016 a，b）及模型法（Boer et al.，2007；Lasco et al.，2007；Sohngen and Mendelsohn，2003；Sun and Sohngen，2009）（表 4-2）。计算活动转移碳泄漏采用的模型主要包括：全球土地利用和林业模型（Sohngen et al.，2003；Sun and Sohngen，2009）、活动转移碳泄漏与当地农户对可替代生计采用率的函数关系（Lasco et al.，2007）、逻辑斯谛（Logistic）模型（Boer et al.，2007）。然而，活动转移碳泄漏的计算往往需要结合多种方法。例如，Lasco 等（2007）构建了碳泄漏与当地农户对可替代生存方式采用率的函数关系，其中可替代生存方式采用率的数据来自文献调研；Boer 等（2007）基于遥感影像的直接测量法和 Logistic 模型计算林业碳汇项目边界外的毁林面积，由此计算毁林导致的碳泄漏；刘博杰等（2016 b）基于遥感影像的直接测量法计算退耕还林工程导致的边界外耕地开垦面积，再通过文献调研法获取耕地开垦植被和土壤碳密度损失值，由此计算退耕还林工程导致耕地开垦活动转移产生的碳泄漏。活动转移碳泄漏对固碳效益的抵消强度低至可忽略不计，高至 50% 以上（De Jong et al.，2007；Sun and Sohngen，2009；刘博杰等，2016 a，b）。影响活动转移碳泄漏的因素包括：当地居民对原产业的依赖程度、收入状况、可替代资源的获得性、项目周边地区的农业生态条件及可达性（Atmadja and Verchot，2012）。为减少活动转移碳泄漏的产生可采取如下措施：增强当地居民对项目的认知程度和参与的积极性，为参与林业项目的居民提供可替代的生计、就业机会和增加收入，签订泄漏契约以保证森林采伐活动不会转移至其他地方（武曙红等，2006）。除此之外，加强项目边界外的泄漏监测也是规避活动转移碳泄漏的可行途径（武曙红等，2006）。

表4-2　国内外森林经营与管理碳泄漏研究案例

案例名称	碳泄漏来源	碳泄漏类型	研究方法	碳泄漏量 /Tg C	参考文献
墨西哥恰帕斯州林业项目	边界内森林保护导致边界外毁林	活动转移	访谈和入户调查法	可忽略	De Jong et al., 2007
菲律宾马加特流域森林保护项目	边界内森林保护导致边界外农牧民森林砍伐和耕地开垦	活动转移	模型法、文献调研法	3.7~8.1	Lasco et al., 2007
印度尼西亚占碑省森林保护项目	边界内森林保护导致边界外毁林	活动转移	模型法、直接测量法	1.2~1.75	Boer et al., 2007
天然林资源保护工程	边界内木材产量调减导致边界外新造林	活动转移	直接测量法、文献调研法	9.90	刘博杰等，2016a
退耕还林（草）工程	边界内退耕导致边界外耕地开垦	活动转移	直接测量法、文献调研法	36.27	刘博杰等，2016b
全球森林保护	边界内森林保护导致边界外森林砍伐和退化	活动转移	模型法、文献调研法	$(60.16 \sim 66.56) \times 10^3$	Sun and Sohngen, 2009
玻利维亚木材产量调减项目	边界内木材产量调减导致边界外毁林	市场效益	模型法	—	Sohngen and Brown, 2004
美国森林保护项目	部分地区森林保护导致其他地区毁林增加	市场效益	模型法	—	Murray et al., 2004
全球森林保护	部分国家/地区森林保护导致其他国家/地区毁林增加	市场效益	模型法	—	Gan and McCarl, 2007; Jonsson et al., 2012; Kuik, 2014; Hu et al., 2014

3）市场效益碳泄漏

相比于活动转移碳泄漏，市场效益产生的碳泄漏通常涉及较大空间尺度从而很难通过直接测量法计量（Atmadja and Verchot，2012）。因此市场效益碳泄漏的确定通常采用间接计量法，包括减排因子法和模型法（Henders and Ostwald，2012）。市场效益碳泄漏下的减排因子法与活动转移碳泄漏下的减排因子法含义相同，都是基于碳泄漏在项目减排量中所占的比例估算碳泄漏的大小。然而，市场效益碳泄漏下减排因子的确定是通过项目林地和边界外泄漏发生林地生物量密度的大小关系确定的，通常为0.2~0.7；模型法是通过市场模型计算碳泄漏，相比减排因子法更加详细和准确（Henders and Ostwald，2012）。

国内外关于市场效益碳泄漏的研究主要采用模型法，研究的尺度通常为国家乃至全球的大尺度（表4-2）。主要估算模型为可计算一般均衡模型（computable general equilibrium，CGE）下的全球贸易分析模型（global trade analysis project，GTAP）（Gan and McCarl，2007；牛玉静等，2012；Hu et al.，2014；Kuik，2014）。除此之外，森林和农业部门兼顾温室气体减排最优化模型（the forest and agricultural sector optimization model，FASOM）（Murray et al.，2004）和木材市场模型（timber market model）（Sohngen and Brown，2004）的应用也有报道。一个国家或地区森林保护导致木材供给量减少和木材价格升高既可能增加其他国家或地区毁林造成的碳损失（负泄漏），也可能促进其他国家或地区造林从而增加碳储量（正泄漏）（Schwarze et al.，2002）。有关市场效益碳泄漏的研究一般仅给出碳泄漏对固碳效益的抵消强度（%），而具体碳泄漏大小的报道相对较少（表4-2）（Murray et al.，2004；Gan and McCarl，2007；Kuik，2014；Hu et al.，2014）。市场效益碳泄漏对固碳效益的抵消强度可从低于1%至高达95%，大于活动转移碳泄漏对固碳的抵消强度（Murray et al.，2004；Gan and McCarl，2007；Kuik，2014）。市场效益碳泄漏主要取决于各个国家对林产品的供需状况，即林产品市场状况（Schwarze et al.，2002；Gan and McCarl，2007），森林保护项目的规模（Schwarze et al.，2002），以及各国之间森林保护的合作程度（Gan and McCarl，2007）。影响市场效益碳泄漏的因素包括市场供给和需求弹性、林业项目开展的空间尺度、不同区域森林保护的合作程度（Gan and McCarl，2007；Kuik，2014）。为减少市场效益碳泄漏可采取的途径包括：多个国家共同参与森林保护项目（Chomitz，2002；Gan and McCarl，2007）、通过速生丰产林项目和林权制度改革增加国内木材产量（Hu et al.，2014）、通过增加木材进口税减少木材进口量（Hu et al.，2014）、对木材供给与需求市场进行全面分析以及提供可持续性替代资源（Jonsson et al.，2012）。除此之外，对于林业碳汇项目的开展，将项目地选在交通运输不便的地区（木材运输困难的边远地区）也是减少市场效益碳泄漏的可行途径（武曙红等，2006）。

4）生态碳泄漏

国内外已有研究表明：造林可能对当地生态系统构成潜在的环境风险并可导致生态碳泄漏的产生。Smith 和 Torn（2013）估算了热带桉树林固碳1Pg C/a可导致土地蒸腾量在原有基础上增加50%，影响了当地水文循环并对当地生物多样性构成了威胁。Gao 等（2014）也提出我国主要造林工程项目集中于干旱、半干旱地区的低生态系统水分利用效率和低植物水分利用效率的区域，导致植被固碳的水资源消耗成本较高，对生态环境造成不利影响。因此，造林应按照"适地适树"的原则，否则会直接影响造林质量，出现林木生长停滞甚至枯死现象，对当地生态环境起到负面作用（杨鹏等，2003）。除了造林，其他与森林经营管理相关的生态补偿措施如退耕还林生态补偿的执行也可能引发碳泄漏的产生。如果参与生态补偿措施的农户没有得到必要的经济补偿，可能会影响农户参与的积极性，引起生态资源的不合理利用进而导致生态服务功能的退化，并产生生态碳泄漏。然而，目前国内外有关森林经营与管理碳泄漏的研究中尚未考虑生态碳泄漏的影响，这主要是由于生态碳泄漏数据的获取方法和计算方法还有待完善。因此，为了能更全面地了解森林经营与管理导致的边界外碳泄漏，生态碳泄漏计算体系的构建还有待进一步研究。

5）排放转移碳泄漏

一些学者认为营造林活动运输物资产生的温室气体排放应归入边界外"排放转移"碳泄漏（欧光龙等，2010；魏亚韬，2011；尹晓芬等，2012；李梦等，2013；赵福生等，2015），而其他一些学者将这部分碳排放计入边界内的温室气体排放或"碳成本"中（Sonne，2006；Kilpelainen et al.，2011；González-García et al.，2014；Timmermann and Dibdiakova，2014；刘博杰等，2016a，b）。以上不同研究存在分歧的原因主要是由于对"边界"的定义存在差异。前一类研究的"边界"指"地理边界"，即认为运输物资产生的碳排放是在造林地以外产生的，因此认为是碳泄漏的一种；而后一类研究的"边界"指"项目边界"，即由项目措施直接导致的碳排放均是边界内的温室气体排放。两类研究对运输物资产生碳排放的计算方法相同，都是采用 IPCC 排放因子法，即化石燃料碳排放因子与化石燃料消耗量的乘积［式（4-1）］。

4.2.2 森林经营与管理活动净固碳量研究进展

基于森林经营与管理活动在边界内产生温室气体排放，在边界外产生碳泄漏，森林生态系统本身的总固碳量无法客观反映造林和森林保护对温室气体的真实减排量。森林经营与管理活动对温室气体减排和全球气候变暖减缓的净贡献应体现为净固碳能力，即固碳量扣除边界内温室气体排放和边界外碳泄漏（Schwarze et al.，2002；刘博杰等，2016a，b）。目前，国内外已有关于森林经营与管理活动的净固碳量以及边界内外温室气体排放和碳泄漏对固碳量抵消强度的报道（表4-3）。随着温室气体排放和碳泄漏计入边界的逐渐扩大，温室气体排放和碳泄漏对固碳量的抵消强度逐渐增加。当仅考虑边界内温室气体排放时，抵消强度为 0.01% ~19.32%，且随着森林经营与管理措施计入边界的扩大抵消强度有所增加。苗圃内生产苗木产生的温室气体排放对固碳量的抵消强度要高于营造林活动；除了边界内温室气体排放，当计入活动转移碳泄漏时，抵消强度可增加至 41.54%；当考虑市场效益碳泄漏时，抵消强度明显增加至 2% ~95%。因此，边界内外温室气体排放和碳泄漏对固碳量的抵消强度体现为市场效益碳泄漏>活动转移碳泄漏>边界内温室气体排放。如果仅考虑森林经营与管理在边界内直接产生的温室气体排放与可测量的活动转移碳泄漏，林业固碳措施具有较好的净减排效益（刘博杰等，2016a，b）。目前几种典型农田措施碳排放都会抵消部分甚至全部农田土壤固碳效益（逯非等，2009），相比之下，森林经营与管理措施在温室气体净减排方面具有更好的应用前景。随着森林林龄的增加和世界各国森林保护合作的日益深化，森林的净固碳能力和未来的净减排潜力还会进一步提高。

　　通过减少森林经营与管理活动产生的温室气体排放和碳泄漏可以进一步提高森林的净固碳能力。可采取的措施为：事前分析边界内可能存在的主要温室气体排放源（热点碳排放源）并提前采取措施减少碳排放。除此之外，在营造林过程中通过监测与控制可以进一步降低温室气体排放与碳泄漏。

表 4-3　国内外森林经营与管理净固碳量研究案例

案例名称	净固碳量/Gg C	温室气体排放和碳泄漏对固碳的抵消强度/%	参考文献
云南省临沧市膏桐能源林造林	277.4	14.29	欧光龙等，2010
八达岭造林碳汇项目	297.4	0.01	魏亚韬，2011
贵州省贞丰县林业碳汇项目	332.8	0.24	尹晓芬等，2012
浙江省嘉兴市碳汇造林项目	12.52	0.19	李梦等，2013
克拉玛依造林减排项目	118.0	0.23	赵福生等，2015
天然林资源保护工程	1.398×10^5	9.82	刘博杰等，2016a
退耕还林（草）工程	203.5×10^3	19.9	刘博杰等，2016b
玻利维亚木材产量调减项目	—	2 ~ 38	Sohngen and Brown，2004
美国森林保护项目	—	7.9 ~92.2	Murray et al.，2004
美国卡斯克德山西部花旗松经营与管理温室气体排放	$(59.76 \sim 170.0) \times 10^{-6}/(hm^2 \cdot m^3$ 薪材$)$	2.5 ~6.8	Sonne，2006

案例名称	净固碳量/Gg C	温室气体排放和碳泄漏对固碳的抵消强度/%	参考文献
墨西哥恰帕斯州林业项目	—	可忽略	De Jong et al., 2007
全球森林保护	—	42~95	Gan and McCarl, 2007
菲律宾马加特流域森林保护项目	$(11.4 \sim 15.8) \times 10^3$	18.97~41.54	Lasco et al., 2007
加拿大魁北克北部黑云杉造林	$76.65 \times 10^{-3}/hm^2$	0.5	Gaboury et al., 2009
全球森林保护	$(61.44 \sim 67.84) \times 10^6$	47~52	Sun and Sohngen, 2009
芬兰木材生产净碳收支	$(13.36 \sim 91.91) \times 10^{-9}/(m^2 \cdot a)$	0.38~0.64	Kilpelainen et al., 2011
美国加利福尼亚州苗圃经营	$(2.96 \sim 11.82)/a$	20~50	Kendall and McPherson, 2012
发展中国家森林减少毁林	—	5~95	Jonsson et al., 2012
中国森林保护	—	79.7~88.8	Hu et al., 2014
全球森林保护	—	0.5~11.3	Kuik, 2014
挪威东部森林经营与管理	$207.3 \times 10^{-6}/m^3$ 薪材	2.3	Timmermann and Dibdiakova, 2014
意大利不同森林管理方式	$(29.29 \sim 73.64) \times 10^{-3}/hm^2$	2.51~19.32	Proietti et al., 2016

4.3 重大生态工程固碳认证的思路与方法

尽管减缓全球气候变化,增加生态系统碳汇并不是我国重大生态工程建设的主要初衷,但其对固碳的效果和潜力及对全球气候变化的减缓作用不容否定。重大生态工程固碳认证的目标是在归纳总结国内外生态固碳认证体系的优劣,结合实地调查和文献调研得到的我国重大生态工程固碳基线、额外性、稳定性和温室气体泄漏的基础上,建立适合我国国情,适用于我国重大生态工程的重大生态工程固碳认证方法规范,明确我国重大生态工程对减缓全球变暖,实现国家温室气体减排目标的贡献。

4.3.1　重大生态工程固碳认证的原则

（1）发生学原则：根据重大生态工程区域碳储量动态、工程碳成本和温室气体泄漏动态对重大生态工程固碳进行认证。

（2）额外性原则：重大生态工程固碳认证需要基于（可能是动态的）基线情景和重大生态工程实施情景的差异，亦即额外性开展。

（3）相对保守性原则：与基于 CDM 的碳交易的固碳或减排项目认证的保守性原则不同，重大生态工程固碳认证应充分考虑并客观描述重大生态工程固碳额外性、温室气体泄漏因素、碳成本及间接固碳效益存在的可能性。

4.3.2　重大生态工程固碳认证的内容

重大生态工程认证包括以下内容：
（1）重大生态工程固碳认证的基线；
（2）重大生态工程固碳的额外性；
（3）重大生态工程固碳的碳成本及温室气体泄漏；
（4）重大生态工程的净固碳；
（5）重大生态工程固碳的持久性。

4.3.3　重大生态工程固碳的技术路线和流程

参考国内外固碳减排基线和额外性评估模式，按照我国重大生态工程的特点，建立重大生态工程固碳认证的基线情景和工程实施情景的设定方法，在确定的基线上，评估工程实施情景的固碳（减排）额外性；根据不同情景的碳、氮循环和生产经营涉及化石能源的碳排放，按照工程实施情景额外性，建立系统内净减排认证方法；分析实施重大生态工程引起的农产品（包括种植业和畜牧业产品）供需变化以及由此引起的土地利用变化和排放活动转移，评估重大生态工程的温室气体泄漏因素；预测额外性温室气体泄漏的动态，评估重大生态工程固碳可认证速率维持的时间；综合如上认证成果，明确重大生态工程对减缓全球变暖和大气温室气体浓度升高的贡献。

4.3.4　重大生态工程固碳认证的基线设定方法

根据重大生态工程规划的起止时间、范围、内容、措施、工作流程和实施步骤。根据各工程的具体内容和步骤，确定了设定工程基线情景的方法（表4-4）。

表4-4　各重大生态工程内容、步骤和基线设定方法

工程	工程内容流程和步骤 （工程情景）	基线情景设定方法
天然林资源保护	调减采伐量，改革森林采伐方式	地理位置相近的区域上维持原采伐强度和方式林区碳动态
	加强森林资源管护（火灾、病虫害防治）	地理位置相近区域上不加强管护的火灾、病虫害风险
	植树造林（草）	地理位置相近区域上造林前土地利用方式的碳动态
退耕还林（草）	从退化坡耕地和易沙化耕地退耕并造林	地理位置相近的区域非退耕造林区碳动态
	荒山荒地造林	地理位置相近区域上造林前土地利用方式的碳动态
	封山育林	地理位置相近的非封山育林区土地利用和碳动态

4.3.5　重大生态工程固碳额外性分析方法

参考国内外固碳减排基线和额外性评估模式，按照我国重大生态工程的特点，建立重大生态工程固碳认证的基线情景和工程实施情景的设定方法，在确定的基线上，评估工程实施情景的固碳（减排）额外性。

固碳额外性（additionality）也称附加性，在没有京都协议有关条款定义的某项联合实施活动和某个 CDM 的情况下，可能出现任何减少源排放或通过汇增加碳清除的额外部分。该定义可进一步拓展为包括金融、投资、技术和环境的额外性。在重大生态工程固碳认证中，主要考虑环境，或者说工程固碳的额外性。环境额外性是指：由于开展的某个项目，与其基线相比，温室气体减排后使环境的完整性提升。

林业项目的固碳额外性是指造林或再造林等固碳项目活动产生的项目净固碳量超过基线碳储量变化量以上的情景。CDM 造林再造林项目活动的额外性是指，

如果拟议的 CDM 造林或再造林项目活动产生的实际净温室气体汇清除大于没有该 CDM 造林或再造林项目活动时项目边界内碳库中碳储量变化之和，则该 CDM 造林或再造林项目活动就是额外性的。额外性是指温室气体汇清除相对于基线情景是额外的。由于项目活动与估算基线情景有联系，所以额外性或附加性是与估算碳储量的变化量相关的概念。项目的目的是希望减少 CO_2 的排放量或增加碳储量。额外性是 CO_2 排放量额外地减少或碳储量额外地增多。定量地讲，额外性是与基线水平相关的。额外性在没有项目时不发生，虽然项目活动通常假设与基线情景有所不同，但有时项目活动和基线情景具有有效的一致性，所以就不产生额外性。

对重大生态工程而言，在区域工程区域内发生的碳密度水平的提升和碳储量的增加，其中可能部分或全部由工程的固碳额外性带来，也可能发生工程额外性固碳量大于工程范围内碳储量增量的情况（图4-1）。工程额外性取决于工程实施区和区域、生态系统、社会经济状况具有较高相似度下非工程实施区碳储量变化的差异，各重大生态工程固碳额外性分析方法如表4-5所示。

同样，对于重大生态工程碳成本和温室气体泄漏的评价以及重大生态工程的净固碳也需要分析其额外性，需要明确这些碳成本和温室气体泄漏因素在机制上、时间上和空间上与重大生态工程的实施具有相关性。

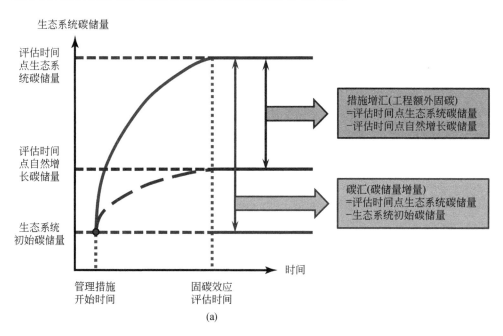

(a)

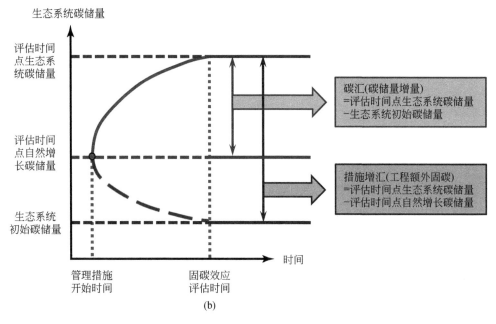

图 4-1　重大生态工程固碳额外性

（a）无工程情景下生态系统表现为碳汇时工程区碳汇>工程额外固碳；

（b）无工程情景下表现为碳库损失时工程区碳汇<工程额外固碳

表 4-5　重大生态工程固碳额外性

工程	工程内容流程和步骤 （工程情景）	固碳额外性
天然林资源保护	调减采伐量，改革森林采伐方式	控制采伐减少的森林碳损失
	加强森林资源管护（火灾、病虫害防治）	降低火灾和病虫害减少的森林碳损失
	植树造林	增加的森林固碳能力和碳库
"三北"防护林体系建设及长江、珠江流域防护林体系建设	调减木材产量	控制采伐减少的森林碳损失
	封山育林	增加的森林固碳能力和碳库
	增加造林种草面积	增加的森林和草地的固碳能力和碳库

工程	工程内容流程和步骤 （工程情景）	固碳额外性
退耕还林（草）	从退化坡耕地和易沙化耕地退耕并造林	减少水土流失和增加的森林（和草地）的固碳能力和碳库
	荒山荒地造林	增加的森林固碳能力和碳库
	封山育林	增加的森林固碳能力和碳库
退牧还草	退牧：划区轮牧、休牧、禁牧、围栏建设	提升的草地固碳和碳库/减少的碳损失
	人工种草、飞播牧草	提升的草地固碳和碳库（主要为土壤碳库，需考虑割刈）
	饲舍建设	减少对草地的压力和草地碳库损失
京津风沙源治理	退耕/还林（人工造林、飞播造林）	同退耕还林和人工造林
	退牧（禁牧）、人工种草	同退牧还草和人工种草

4.3.6　重大生态工程碳成本和温室气体泄漏分析方法

开展重大生态工程碳成本和温室气体泄漏分析，首先需要明确重大生态工程对工程区域碳、氮循环和温室气体通量及能源和高耗能产品资源消耗的影响。此外，还需要明确重大生态工程对相关产业（林、农、牧）产出和工程区居民生产生活的相关影响，分析实施重大生态工程引起的相关温室气体排放的变化。各重大生态工程碳成本和温室气体泄漏因素如表4-6所示。

目前，关于重大生态工程的固碳认证和泄漏估算还较少，考虑到其中部分温室气体泄漏因素在国际上其他林业固碳项目（造林再造林以及森林管理）中得到了重视和评价，应将这部温室气体泄漏在认证中归纳为基础类泄漏因素。同时，根据不同重大生态工程的具体实施情况，将其他可能得到估算的温室气体泄漏因素归纳为扩展类泄漏因素，具体情况如表4-7所示。

考虑到我国的户籍制度，以及退牧还草、京津风沙源治理等工程中"禁牧不禁养"的政策，在本研究中，认定受到重大生态工程影响的农业和畜牧业均未发生跨省级行政区的转移。

表4-6 重大生态工程碳成本和温室气体泄漏因素

工程	碳成本和温室气体泄漏	
	共性	特有
天然林资源保护	①森林或草地工程建设碳排放 ②工程管护碳排放 ③水土流失和土壤侵蚀退化控制降低碳损失和土壤养分损失（本项与计量相关）	原部分生物质能转变为化石能源，确保木材产量的新造林
"三北"防护林体系建设		林产品增加；生物质能源使用增加；饲料增加和畜牧业发展；改善农业生产环境，具有减灾增产效益
长江、珠江流域防护林体系建设		改善农业生产环境，具有减灾增产效益
京津风沙源治理		附带水源工程建设工程中碳排放；节水农业推广降低用水及相应灌溉相关碳排放
退耕还林（草）		减少粮食产量，可能引起农业活动转移，需要更多的耕地开垦；（以现金等形式发放的）粮食补助需要从外部调运粮食
退牧还草		补充饲料粮涉及的温室气体泄漏；人工草地建设和改良草地碳排放；棚圈建设

表4-7 重大生态工程温室气体泄漏和估算方法

类别	温室气体泄漏	估算方法	估算所需参数
基础	森林或草地工程建设碳排放，包括苗木运输、播种、种植、建设围封围栏、水源地和其他水利工程等涉及的相关排放	生产和建设材料运输过程中消耗的化石燃料温室气体排放-投入辅助物资中的碳储量，因苗木生物量从0开始计算，不计入辅助物资	①化石能源和电力涉及的温室气体排放系数，以及所消耗的能源量； ②投入物资中的稳定（不会分解到大气中的）碳含量参数，以及所投入的物资量
	工程管护碳排放，包括肥料的施用、农药的使用、灌溉、工程，以及其他维护管理如放火、巡视等	投入物资（肥料、农药）的温室气体排放系数×投入物资量； 其他管护措施的相关温室气体排放系数×管护措施面积	①投入物资（肥料、农药）的温室气体排放系数； ②投入物资量； ③其他管护措施的相关温室气体排放系数； ④管护措施面积
	水土流失和土壤侵蚀退化控制降低碳损失； 该部分温室气体泄漏为减排	减排量=控制水土流失或土壤侵蚀面积×减缓水土流失或土壤侵蚀量×土壤有机碳含量	①控制水土流失或土壤侵蚀面积； ②减缓水土流失或土壤侵蚀量； ③土壤有机碳含量

类别	温室气体泄漏	估算方法	估算所需参数
基础	原部分生物质能转变为化石能源（增排泄漏），或薪柴林的增加替代（减排泄漏）	假定需求总能源量在基线和工程情景能源消耗相等；温室气体泄漏量=生物质能源使用变化量×生物质能源低位发热量/化石能源低位发热量×化石能源温室气体排放系数	①生物质能源使用变化量；②生物质能源低位发热量；③化石能源低位发热量；④化石能源温室气体排放系数
	①退牧还草、退耕还林补助粮；②补助粮运输泄漏	①补助粮排放=生态工程补助面积×生态工程补助强度×粮食生产的碳足迹或粮食生产碳强度；②补助粮运输排放=生态工程补助面积×生态工程补助强度×补助粮运输工具排放×补助粮运输距离	①生态工程补助面积；②生态工程补助强度；③粮食生产的碳足迹或粮食生产碳强度；④补助粮运输距离；⑤补助粮运输工具排放
	退耕还林的农田转移	按照 CDM 项目方法计算，在工程面积固碳量上扣除农田转移占工程总面积的比例	按照 CDM 项目方法获取相关参数
	林产品增加，该部分温室气体泄漏为减排	新增林产品生产面积×林产品产量×林产品的碳足迹或生产碳强度	①新增林产品生产面积；②林产品产量；③林产品的碳足迹或生产碳强度
扩展	饲料增加和畜牧业发展：①如仅饲料增加并向外输出，为减排；②如饲料增加引起了连带的区域内畜牧业发展，并算入重大生态工程效益，则为工程温室气体增排泄漏	①输出新增饲料减排=饲料或其替代品（如秸秆等用作饲料）的单位碳排放×饲料增产量；②畜牧业增加的碳泄漏=饲料增产量/新增牲畜饲料消耗量×牲畜有关温室气体排放系数	①饲料或其替代品（如秸秆等用作饲料）的单位碳排放或在其他生态系统的单位碳损失；②饲料增产量；③新增牲畜饲料消耗量；④牲畜有关温室气体排放系数
	水土流失和土壤侵蚀退化控制降低土壤养分损失，该部分温室气体泄漏为减排	控制水土流失或土壤侵蚀面积×减缓水土流失或土壤侵蚀量×土壤养分含量×生产相关肥料的温室气体排放系数	①控制水土流失或土壤侵蚀面积；②减缓水土流失或土壤侵蚀量；③土壤 N、P、K 养分含量；④生产相关肥料的温室气体排放系数

类别	温室气体泄漏	估算方法	估算所需参数
扩展	①防护林减灾作用及对粮食保产、增产的效益，替代部分其他地域粮食生产； ②或者可以补充区内其他重大生态工程引起的粮食减产或农业转移和退牧还草、退耕还林补助粮。该部分温室气体泄漏为减排	①保产、增产（单产）效果×重大生态工程对农田防护的面积×粮食生产的碳足迹或粮食生产碳强度； ②保产、增产（单产）效果×重大生态工程对农田防护的面积/重大生态工程退耕地单产，从相关工程退耕面积中扣除	①相对基线情景的保产、增产（单产）效果； ②重大生态工程对农田防护的面积； ③粮食生产的碳足迹或粮食生产碳强度； ④重大生态工程退耕地单产
	节水农业推广降低用水及相应灌溉相关碳排放	节水农业减排=（节水农业在单位面积上的节水效果×单位灌溉量能源消耗－节水农业改变农业技术的单位面积额外排放）×节水农业推广面积	①节水农业在单位面积上的节水效果； ②节水农业改变农业技术的单位面积额外排放； ③节水农业推广面积； ④单位灌溉量能源消耗

4.3.7 重大生态工程净固碳分析方法

碳成本和碳泄漏或多或少抵消了林业碳汇项目的固碳效益。重大生态工程项目对温室气体减排的实际贡献应体现为净固碳能力或净减排潜力，即项目实测固碳量扣除碳成本和碳泄漏等折扣因素。

计算工程固碳净固碳减排的一般公式：

$$\text{NMP}_{jt} = \text{CS}_P - \text{CS}_B - \Delta E - \Delta L \tag{4-2}$$

式中，NMP_{jt} 为第 j 区域第 t 年工程净固碳量（t）；CS_P 为工程实施情况下累积碳汇（t），CS_B 为基线情景碳储量动态（t），二者之差即为工程的额外性固碳；ΔE、ΔL 分别为边界内碳成本（排放）和边界外的碳泄漏（t）。

在分析中，应在分析固碳额外性基础之上，核算工程实施的相关排放（碳成本涉及的排放因素）的变化以及工程边界外温室气体泄漏因素涉及的温室气体排放变化，当设计较为复杂的系统工程而在边界内外涉及多个温室气体收支环节时，可分类枚举列表对照分析净固碳减排，具体流程如图4-2所示。

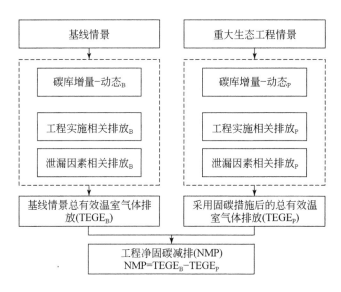

图 4-2 重大生态工程净固碳（减排）分析核算流程

4.3.8 重大生态工程固碳持久性分析方法

固碳的持久性又称永久性，是指在一定时间内或固定时期内碳储存或碳汇量持续增多或稳定，由于温室气体泄漏和难以预测的火灾、病虫害等自然灾害，以及采伐、毁林等人为行为，所以经常有导致固碳项目的温室气体效益发生逆转，从而丧失持久性的风险，造成非持久性。例如，人的行为、项目活动的实施，以及没有任何可供选择的资源替代已减少的土地、粮食、燃料和木材等都可能导致项目区内的碳损失。而能源或工业等部门的减排项目在基线情景基础上减排 1t CO_2 时产生的是永久的净减排效益。重大生态工程实施的范围广、时间长，涉及人民生产生活因素众多。因此，在重大生态工程认证工作中，需要对重大生态工程固碳的持久性进行分析。

重大生态工程固碳持久性包括自然持久性和社会经济持久性两层含义。其中：自然持久性指当考虑温室气体泄漏后，重大生态工程的净固碳量是否在某段时间后大于 0，是否能够持续地为减缓全球气候变暖做出贡献。重大生态工程固碳所依赖的碳库主要为植被（森林、草地）碳库和土壤碳库，与工业或其他行业减排不同，其固碳量具有年际变异（且在成熟林后衰减）的特性，而重大生态工程中的一些温室气体泄漏因素，则可能是持续性的和逐年积累的，并有可能在某一时间段后达到或超过工程年固碳量。自然持久性定性测度分为可持续固碳、先固碳后抵消、无净固碳效果 3 个档次。

$$CSP_t = \Sigma CSR_t \tag{4-3}$$

$$TL_t = \Sigma L_t \tag{4-4}$$

$$NCSR_t = CSR_t - L_t \tag{4-5}$$

$$NCSP_t = \Sigma NCSR_t \tag{4-6}$$

式（4-3）～式（4-6）中，CSR_t 为重大生态工程第 t 年的固碳量；CSP_t 为重大生态工程从建设开始到第 t 年的累积固碳总量；L_t 为重大生态工程第 t 年的温室气体泄漏量；TL_t 为重大生态工程从建设开始到第 t 年的累积温室气体泄漏总量；$NCSR_t$ 为重大生态工程第 t 年的净固碳量，亦即第 t 年的净固碳量的认证固碳量；$NCSP_t$ 为重大生态工程从建设开始到第 t 年的净固碳积累量。

（1）当 $L_t < 0$ 时，生态工程引起的土壤碳库以外的温室气体排放比无生态工程减少，形成了辅助性的减排，则即使 $CSR_t \to 0$，$NCSR_t$ 也将为正，$NCSP_t$ 随着时间的增加而逐渐积累，自然持久性为可持续固碳。

（2）当 $CSR_t > L_t > 0$，而且（$CSR_{t+n} - L_{t+n}$）> 0，则该生态工程的固碳持续大于温室气体泄漏的抵消作用，$NCSP_t$ 随着时间的增加而逐渐积累，自然持久性为可持续固碳。

（3）当 $CSR_t > L_t > 0$，而且（$CSR_{t+n} - L_{t+n}$）< 0，则该生态工程的固碳持续在某一时间段内大于温室气体泄漏的抵消作用，之后小于泄漏，则 $NCSR_t > 0$ 而 $NCSR_{t+n} < 0$，$NCSP_t$ 随着时间的增加先增后减，重大生态工程对减缓全球变暖的作用表现为先减缓，累积的减缓作用逐渐变小。自然持久性为先固碳后抵消。

（4）当（$CSR_t - L_t$）< 0，则该重大生态工程无净固碳效果，并有可能加剧全球变暖，作为固碳措施是不可行的。

评价自然持久性所涉及的变量（包括重大生态工程的固碳量和温室气体泄漏量）如果可以预测年际动态，则可进行定量评价，得出不同时间年限（t）所对应的 $NCSR_t$ 和 $NCSP_t$，为科学管理重大生态工程，提高其减缓全球变暖的能力提出相应对策。

社会经济持久性评价针对重大生态工程，因为（补贴等）政策的变化等引起的工程实施区域的固碳措施实施的可持续性发生变化。其分析在结合自然持久性的基础上，还要结合重大生态工程的成本收益分析、农户收入变化分析及其他社会经济影响因素分析。

重大生态工程固碳持久性以自然持久性为基础，以社会经济持久性为条件。

在进行重大生态工程固碳认证过程中，应分析两层持久性，并针对持久性较差的层次提出相应的对策以提高重大生态工程固碳的时间和幅度。

4.3.9　重大生态工程固碳认证调查方案

4.3.9.1　调查目标、原则及总体路线

为了解重大生态工程对工程区内温室气体循环和碳库动态的影响及社会经济正负效益，为评价工程对温室气体减排和减缓全球变暖的净贡献，回答工程净固碳减排持久性，调查的原则是：①方法正确可行、数据准确可靠；②宏观实地互补、实地数据优先；③记录系统规范、应用通用简便。

调查的总体流程为明晰工程的内容、投入资源和相关产业的产出，将其分解为（直接或间接的化石）能源、物资、产品进行调查，并参考碳足迹相关方法进行温室气体收支核算。分解调查是重大生态工程认证调查的核心内容，要求既能够与工程内容相关的各个科目有效衔接，又能够确保在 GHG 收支核算时的参数可获得性。

4.3.9.2　宏观统计数据调查

宏观统计数据调查主要为通过宏观统计数据获得大尺度的工程范围和活动水平信息，包括公开出版的统计资料（中国林业统计年鉴、国家林业重点工程社会经济效益监测报告）、农业经济卡片资料（分县统计数据）、遥感解译数据等。对于公开出版数据和可通过购买获得的数据，应逐年收集；对遥感数据等，应根据可行性，至少保证工程首尾年份资料。

4.3.9.3　文献调研

主要针对固碳认证及工程净固碳减排效益持久性评价所用参数开展文献调研。内容主要包括生态系统生物量参数、土壤碳库参数、温室气体泄漏参数、社会经济可行性相关参数。

4.3.9.4　工程规划设计管理部门调研及项目实地走访调查

工程规划设计管理部门调研主要针对重大生态工程的物资、能源、人力和经费投入强度数据开展调查，调查方法包括走访和获取相关地方标准、林业项目规

划设计方案、林业项目相应投入。

项目实地走访调查主要针对重大生态工程的实际执行者，包括林业建设项目承包人（林业局体系）、林场工人（林管局–林场体系）等。

以上调查项目，列于"造林和森林管护成本统计表"和"重大生态工程信息调查表"中。由于我国重大生态工程涉及范围广、尺度大，工程区内存在较大异质性，因此，应在可行的前提下，选择有代表性的区域管理部门进行调查，并确保每个工程至少3个调查点，并建立长期联系，确保持续获得数据。

调查用信息收集表格如表4-8和表4-9所示。

表4-8　造林和森林管护成本统计表

单位：　　　　　　填表人：　　　　　日期：

A. 现有森林管护成本		
××××年总量指标	总量	单位面积指标
当年森林总面积		……
投资/万元		总投资　元/hm²
人工/人月		人工　人日/hm²
燃料消耗（运输+巡查）		燃料　L/hm²
其中：柴油消耗/t		柴油　L/hm²
汽油消耗/t		汽油　L/hm²
电力消耗/度		电力　度/hm²
灌溉用水/t		水　　t/hm²
杀虫–菌剂消耗/t（稀释前）		杀虫剂　kg/hm²
B. 森林采伐成本		
××××年总量指标	总量	单位面积指标
采伐面积		……
总投资/万元		总投资　元/hm²
人工/人月		人工　人日/hm²
燃料消耗（运输+其他机械）		燃料　L/hm²
其中：柴油消耗/t		柴油　L/hm²
汽油消耗/t		汽油　L/hm²
电力消耗/度		电力　度/hm²

C. 造林成本		
××××年总量指标	总量	单位面积指标
造林总面积		……
其中：人工造林面积		……
飞播造林面积		……
新增封山育林面积		……
投资/万元		总投资　元/hm^2
其中：人工造林费用/万元		人工造林　元/hm^2
飞播费用/万元		飞播　元/hm^2
封山育林费用/万元		封山育林　元/hm^2
人工/人月		人工　人日/hm^2
燃料消耗（飞机+运输+其他机械）		燃料　　L/hm^2
其中：柴油消耗/t		柴油　　L/hm^2
汽油消耗/t		汽油　　L/hm^2
飞播燃油消耗/t		飞播燃料　L/hm^2
额外水资源消耗/t		水　　t/hm^2
肥料消耗——氮（折纯）/t		氮肥　kg/hm^2
肥料消耗——磷（折纯）/t		磷肥　kg/hm^2
肥料消耗——钾（折纯）/t		钾肥　kg/hm^2
肥料消耗——复合肥（折纯）/t		复合肥　　kg/hm^2
D. 其他成本		

注：1度=1kW·h

表4-9　重大生态工程信息调查表

单位：　　　　　　　　填表人：　　　　　　　　日期：

退耕还林		
××××年总量指标	总量	单位面积指标
退耕还林面积　/hm^2		……
退耕还林总投资　/万元		总投资　元/hm^2
生态移民　/人		……
补助金标准–粮食　/万元		粮补　元/hm^2

续表

退耕还林		
××××年总量指标	总量	单位面积指标
生活　　　/万元		生活　　元/hm²
造林燃料消耗（运输+其他机械）/t		燃料　　L/hm²
其中：柴油消耗　　/t		柴油　　L/hm²
汽油消耗　　/t		汽油　　L/hm²
造林额外水资源消耗　/t		水　　t/hm²
其他主要消耗 1（　　　　　）/t		t/hm²
其他主要消耗 2（　　　　　）/t		t/hm²
造林肥料——氮（折纯）　/t		氮肥　　kg/hm²
造林肥料——磷（折纯）　/t		磷肥　　kg/hm²
造林肥料——钾（折纯）　/t		钾肥　　kg/hm²
造林肥料——复合肥（折纯）　/t		复合肥　kg/hm²
退牧还草		
××××年总量指标	总量	单位面积指标
退牧还草面积　　/hm²		……
退牧还草总投资　/万元		总投资　元/hm²
生态移民　　　/人		……
补助金标准		补助　元/hm²
燃料消耗（运输+其他机械）　/t		燃料　L/hm²
其中：柴油消耗　　/t		柴油　L/hm²
汽油消耗　　/t		汽油　L/hm²
额外水资源消耗/t		水　t/hm²
其他主要消耗 1（　　　　　）/t		t/hm²
其他主要消耗 2（　　　　　）/t		t/hm²
肥料消耗——氮（折纯）/t		氮肥　kg/hm²
肥料消耗——磷（折纯）/t		磷肥　kg/hm²
肥料消耗——钾（折纯）/t		钾肥　kg/hm²
肥料消耗——复合肥（折纯）/t		复合肥　kg/hm²
其他信息及备注		

防沙治沙		
××××年总量指标	总量	单位面积指标
防沙治沙措施1，请注明		
总面积		……
总投资		投资　元/hm²
燃料消耗（运输+其他机械）		燃料　L/hm²
其中：柴油消耗/t		柴油　L/hm²
汽油消耗/t		汽油　L/hm²
额外水资源消耗/t		水　t/hm²
肥料种类（　　　）和消耗/t		肥　kg/hm²
其他主要消耗1（　　　　）/t		t/hm²
其他主要消耗2（　　　　）/t		t/hm²
防沙治沙措施2，请注明		
总面积		……
总投资		投资　元/hm²
燃料消耗（运输+其他机械）		燃料　L/hm²
其中：柴油消耗/t		柴油　L/hm²
汽油消耗/t		汽油　L/hm²
额外水资源消耗/t		水　t/hm²
肥料种类（　　　）和消耗/t		肥　kg/hm²
其他主要消耗1（　　　　）/t		t/hm²
其他主要消耗2（　　　　）/t		t/hm²

4.3.10　重大生态工程温室气体收支与净固碳量核算模型

　　基于研究目标、研究内容及技术路线，本研究依据各重大生态工程的工程措施、碳成本及碳泄漏的来源总结了重大生态工程温室气体收支与净固碳量核算模型。该模型包含输入、温室气体收支过程和输出三个模块。输入模块包括各工程措施涉及的区域、面积和时间。各项重大生态工程可能涉及的工程措施包括造林、封山育林、退耕还林、低产低效林改造、森林管护、迹地更新、木材产量调减。

重大生态工程实施涉及的温室气体收支过程包括生态工程建设和恢复对工程区域内碳库的影响,其中涉及的生态系统包括植被和土壤;工程实施导致化石燃料,包括煤炭、汽油、电和柴油及化石能源产品(包括钢材、水泥、水、杀虫剂、除草剂和化肥)的消耗;氮循环及养分迁移,包括含氮肥料施用导致的 N_2O 排放及土壤侵蚀减少所固持的养分量;工程的实施对生产活动和物资转移的影响,包括工程区域内的退耕导致耕地开垦的加剧、退耕还林补助粮运输。随着社会经济的发展,对能源和木材的需求量并没有减少;天保工程木材产量调减导致工程边界外新造林面积增加,随着人民生活水平的提高,对畜牧产品的需求量没有减少,边界内禁牧导致部分畜牧业转移至边界外,从而增加边界外草地啃食压力,补助饲料粮生产和运输,天保工程边界内薪材产量调减导致边界外煤炭使用量增加;生态移民,包括生态移民搬迁运输及生态移民新房屋建设。与各项温室气体收支过程对应的输出项包括固碳、碳成本、碳泄漏及减排。固碳包括新造林固碳、退耕还林固碳、种草固碳、草地围封固碳、草地禁牧固碳和调减木材产量固碳。碳成本包括化石燃料和化石能源产品消耗导致的温室气体排放以及造林地施含氮肥料导致的 N_2O 排放。碳泄漏包括农业、林业和畜牧业活动转移碳泄漏、煤炭替代碳泄漏以及生态移民碳泄漏。减排包括工程区域内土壤侵蚀减少导致养分固持,从而使肥料生产及相应的温室气体排放减少。

基于各重大生态工程实施消耗的化石能源与化石能源产品的量以及各种化石能源和化石能源产品对应的碳排放参数,Liu 等(2019a,b)依据各重大生态工程的工程措施、碳成本及碳泄漏的来源,建立完善了重大生态工程温室气体收支与净固碳量核算方法和模型 CANM-EP(图 4-3)。该方法包含输入、温室气体收支过程和输出三个模块。输入模块包括各工程措施涉及的区域、面积和时间。各项重大生态工程可能涉及的工程措施包括造林、种草、封山育林、退耕还林、低产低效林改造、森林管护、迹地更新、草地禁牧和围封、木材产量调减和生态移民。计算了重大生态工程实施导致的农业、林业、牧业活动转移、煤炭使用量增加,以及生态移民导致的边界内外温室气体泄漏,核算了重大生态工程的净固碳量。

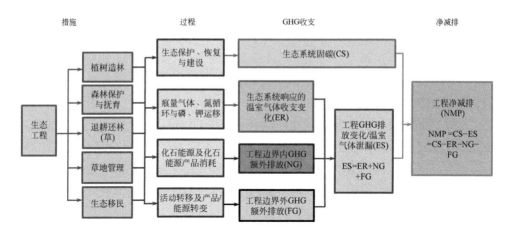

图 4-3　重大生态工程碳核算和温室气体净减排核算方法和模型（Liu et al.，2019a，b）

参 考 文 献

陈先刚，赵晓惠，陆梅，等.2009.四川省退耕还林工程造林碳汇潜力研究.浙江林业科技，
　　29（5）：19-28.

方精云，黄耀，朱江玲，等.2015.森林生态系统碳收支及其影响机制.中国基础科学，（3）：
　　20-25.

国家林业局造林绿化管理司.2014.造林项目碳汇计量与监测指南.北京：中国林业出版社.

李梦，施拥军，周国模，等.2013.浙江省嘉兴市高速公路造林碳汇计量.浙江农林大学学报，
　　31（3）：329-335.

刘博杰，逯非，王效科，等.2016a.中国天然林资源保护工程温室气体排放及净固碳能力研
　　究.生态学报，36（14）：4266-4278.

刘博杰，张路，逯非，等.2016b.中国退耕还林工程温室气体排放与净固碳量.应用生态学
　　报，27（5）：1693-1707.

刘竹，逯非，朱碧青.2022.应对气候变化：中国的碳中和之路.郑州：河南科学技术出
　　版社.

逯非.2009.中国农田化学氮肥施用和秸秆还田的土壤固碳潜力及可行性研究.北京：中国科
　　学院生态环境研究中心.

牛玉静，陈文颖，吴宗鑫.2012.全球多区域CGE模型的构建及碳泄漏问题模拟分析.数量经
　　济技术经济研究，（11）：34-50.

欧光龙，唐军荣，王俊峰，等.2010.云南省临沧市膏桐能源造林碳汇计量.应用与环境生
　　物学报，16（5）：745-749.

魏亚韬.2011.我国造林再造林碳汇项目碳计量方法研究：以八达岭地区为例.北京：北京林

业大学.

武曙红, 张小全, 李俊清. 2006. CDM 林业碳汇项目的泄漏问题分析. 林业科学, 42（2）：98-104.

杨鹏, 陈红跃, 薛立. 2003. 适地适树研究进展. 山西林业科技,（9）：1-7.

尹晓芬, 王晓鸣, 王旭, 等. 2012. 林业碳汇项目基准线和监测方法学及应用分析——以贵州省贞丰县林业碳汇项目为例. 地球与环境, 40（3）：460-465.

袁梅, 谢晨, 黄东. 2009. 减少毁林及森林退化造成的碳排放（REDD）机制研究的国际进展. 林业经济,（10）：23-28.

张小全. 2011. LULUCF 在《京都议定书》履约中的作用. 气候变化研究进展, 7（5）：369-377.

张小全, 武曙红. 2010. 中国 CDM 造林再造林项目指南. 北京：中国林业出版社.

赵福生, 师庆东, 衣怀峰, 等. 2015. 克拉玛依造林减排项目温室气体（GHG）减排量计算. 干旱区研究, 32（2）：382-387.

Ravindranath N H, Ostwald M. 2009. 林业碳汇计量. 李怒云, 吕佳, 译. 北京：中国林业出版社.

Atmadja S, Verchot L. 2012. A review of the state of research, policies and strategies in addressing leakage from reducing emissions from deforestation and forest degradation（REDD+）. Mitigation and Adaptation Strategies for Global Change, 17：311-336.

Aukland L, Costa P M, Brown S. 2003. A conceptual framework and its application for addressing leakage：The case of avoided deforestation. Climate Policy, 3（2）：123-136.

Berg S, Lindholm E L. 2005. Energy use and environmental impacts of forest operations in Sweden. Journal of Cleaner Production, 13（1）：33-42.

Boer R, Wasrin U R, Perdinan H, et al. 2007. Assessment of carbon leakage in multiple carbon-sink projects：A case study in Jambi province, Indonesia. Mitigation and Adaptation Stratagies for Global Change, 12：1169-1188.

Chomitz K M. 2002. Baseline, leakage and measurement issues：How do forestry and energy projects compare? Climate Policy, 2（1）：35-49.

De Jong B H J, Esquivel B E, Quechulpa M S. 2007. Application of the "Climafor" baseline to determine leakage：The case of Scolel Té. Mitigation and Adaptation Strategies for Global Change, 12：1153-1168.

Fang J Y, Guo Z D, Hu H F, et al. 2014. Forest biomass carbon sinks in East Asia, with special reference to the relative contributions of forest expansion and forest growth. Global Change Biology, 20（6）：2019-2030.

Gaboury S, Boucher J F, Villeneuve C, et al. 2009. Estimating the net carbon balance of boreal open woodland afforestation：A case-study in Québec's closed-crown boreal forest. Forest Ecology and Management, 257（2）：483-494.

Gan J B, McCarl B A. 2007. Measuring transnational leakage of forest conservation. Ecological Economics, 64: 423-432.

Gao Y, Zhu X J, Yu G R, et al. 2014. Water use efficiency threshold for terrestrial ecosystem carbon sequestration in China under afforestation. Agricultural and Forest Meteorology, 195-196: 32-37.

González-García S, Bonnesoeur V, Pizzi A, et al. 2013. The influence of forest management systems on the environmental impacts for Douglas- fir production in France. Science of the Total Environment, (461-462): 681-692.

González-García S, Moreira M T, Dias A C, et al. 2014. Cradle- to- gate life cycle assessment of forest operations in Europe: Environmental and energy profiles. Journal of Cleaner Production, 66: 188-198.

Gupta A, Lövbrand E, Turnhout E, et al. 2012. In pursuit of carbon accountability: The politics of REDD + measuring, reporting and verification systems. Current Opinion in Environmental Sustainability, 4 (6): 726-731.

Henders S, Ostwald M. 2012. Forest carbon leakage quantification methods and their suitability for assessing leakage in REDD. Forests, 3 (1): 33-58.

Hu H F, Wang S P, Guo Z D, et al. 2015. The stage- classified matrix models project a significant increase in biomass carbon stocks in China's forests between 2005 and 2050. Scientific Reports, 5: 11203 (1-7).

Hu X, Shi G Q, Hodges D G. 2014. International market leakage from China's forestry policies. Forests, 5: 2613-2625.

IPCC. 2013. Climate Change 2013: The Physical Science Basis. Cambridge: Cambridge University Press.

Jonsson R, Mbongo W, Felton A, et al. 2012. Leakage implications for European timber markets from reducing deforestation in developing countries. Forests, 3: 736-744.

Jung M. 2005. The role of forestry projects in the clean development mechanism. Environmental Science & Policy, 8 (2): 87-104.

Kendall A, McPherson E G. 2012. A life cycle greenhouse gas inventory of a tree production system. International Journal of Life Cycle Assessment, 17 (4): 444-452.

Kilpelainen A, Alam A, Strandman H, et al. 2011. Life cycle assessment tool for estimating net CO_2 exchange of forest production. GCB Bioenergy, 3 (6): 461-471.

Kim M K, Peralta D, McCarl B A. 2014. Land- based greenhouse gas emission offset and leakage discounting. Ecological Economics, 105: 265-273.

Klein D, Wolf C, Schulz C, et al. 2015. 20 years of life cycle assessment (LCA) in the forestry sector: State of the art and a methodical proposal for the LCA of forest production. International Journal of Life Cycle Assessment, 20 (4): 556-575.

Kuik O. 2014. REDD + and international leakage via food and timber markets: A CGE analysis. Mitigation and Adaptation Strategies for Global Change, 19: 641-655.

Lasco R D, Pulhin F B, Sales R F. 2007. Analysis of leakage in carbon sequestration projects in forestry: A case study of upper magat watershed, Philippines. Mitigation and Adaptation Strategies for Global Change, 12: 1189-1211.

Liu B J, Zhang L, Lu F, et al. 2019a. Greenhouse gas emissions and net carbon sequestration of the Beijing-Tianjin Sand Source Control Project in China. Journal of Cleaner Production, 225 (10): 163-172.

Liu B J, Zhang L, Lu F, et al. 2019b. Methodology for accounting the net mitigation of China's ecological restoration projects (CANM-EP). METHODSX, 6: 1753-1773.

Malhi Y, Meir P, Brown S. 2002. Forests, carbon and global climate. Philosophical Transactions of the Royal Society A Mathematical Physical and Engineering Sciences, 360 (1797): 1567-1591.

Martinez-Alonso C, Berdasco L. 2015. Carbon footprint of sawn timber products of *Castanea sativa* Mill. in the north of Spain. Journal of Cleaner Production, 102: 127-135.

Murray B C, McCarl B A, Lee H C. 2004. Estimating leakage from forest carbon sequestration programs. Land Economics, 80: 109-124.

Neupane B, Halog A, Dhungel S. 2011. Attributional life cycle assessment of woodchips for bioethanol production. Journal of Cleaner Production, 19 (6-7): 733-741.

Pan Y D, Birdsey R A, Fang J Y, et al. 2011. A large and persistent carbon sink in the world's forests. Science, 333 (6045): 988-993.

Proietti P, Sdringola P, Brunori A, et al. 2016. Assessment of carbon balance in intensive and extensive tree cultivation systems for oak, olive, popular and walnut plantation. Journal of Cleaner Production, 112: 2613-2624.

Routa J, Kellomaki S, Kilpelainen A, et al. 2011. Effects of forest management on the carbon dioxide emissions of wood energy in integrated production of timber and energy biomass. Global Change Biology Bioenergy, 3 (6): 483-497.

Schlamadinger B, Marland G. 1998. The Kyoto Protocol: Provisions and unresolved issues relevant to land-use change and forestry. Environmental Science & Policy, 1 (4): 313-327.

Schwarze R, Niles J O, Olander J. 2002. Understanding and managing leakage in forest-based greenhouse-gas-mitigation projects. Philosophical Transactions of the Royal Society A Mathematical Physical and Engineering Sciences, 360 (1797): 1685-1703.

Shin M Y, Miah M D, Lee K H. 2007. Potential contribution of the forestry sector in Bangladesh to carbon sequestration. Journal of Environmental Management, 82 (2): 260-276.

Smith L J, Torn M S. 2013. Ecological limits to terrestrial biological carbon dioxide removal. Climatic Change, 118 (1): 89-103.

Sohngen B, Brown S. 2004. Measuring leakage from carbon projects in open economies: A stop timber harvesting project in Bolivia as a case study. Canadian Journal of Forest Research, 34: 829-839.

Sohngen B, Mendelsohn R. 2003. An optimal control model of forest carbon sequestration. American Journal of Agricultural Economics, 85 (2): 448-457.

Sonne E. 2006. Greenhouse gas emissions from forestry operations: A life cycle assessment. Journal of Environmental Quality, 35 (7-8): 1439-1450.

Sonnemann G W, Schuhmacher M, Castells F. 2003. Uncertainty assessment by a Monte Carlo simulation in a life cycle inventory of electricity produced by a waste incinerator. Journal of Cleaner Production, 11: 279-292.

Sun B, Sohngen B. 2009. Set-asides for carbon sequestration: Implications for permanence and leakage. Climatic Change, 96: 409-419.

Timmermann V, Dibdiakova J. 2014. Greenhouse gas emissions from forestry in East Norway. The International Journal of Life Cycle Assessment, 19 (9): 1593-1606.

Vine E L, Sathaye J A, Makundi W R. 2000. Forestry projects for climate change mitigation: An overview of guidelines and issues for monitoring, evaluation, reporting, verification, and certification. Environmental Science & Policy, 3 (2-3): 99-113.

Wang X K, Feng Z W, Ouyang Z Y. 2001. The impact of human disturbance on vegetative carbon storage in forest ecosystems in China. Forest Ecology and Management, 148 (1-3): 117-123.

White M K, Gower S T, Ahl D E. 2005. Life cycle inventories of roundwood production in northern Wisconsin: Inputs into an industrial forest carbon budget. Forest Ecology and Management, 219 (1): 13-28.

Yu G R, Chen Z, Piao S L, et al. 2014. High carbon dioxide uptake by subtropical forest ecosystems in the East Asian monsoon region. Proceedings of the National Academy of Sciences of the United States of America PNAS, 111 (13): 4910-4915.

第5章 | 重大生态工程固碳认证案例研究

5.1 天然林资源保护工程固碳认证研究

5.1.1 工程概况和研究区域划分

天然林资源保护工程（简称天保工程）于 1998 年试点实施，于 2000 年正式启动，工程建设规划期限为 2000～2010 年。天保工程涉及我国 17 个省（自治区、直辖市）的 734 个县（市、区、旗）和 167 个森工局（县级林业局、县级林场）。工程措施包括人工造林、飞播造林、森林管护、封山育林和调减木材产量。工程实施的目的在于通过对天然林禁伐、限伐，大幅减少木材产量，并通过有计划地分流安置林区富余职工等措施，解决我国主要天然林区的休养生息和恢复发展问题。天保工程计划使工程区内 14.12 亿亩的森林得到有效保护，每年的森林资源消耗量减少 6100 万 m³，减少商品材产量 1990.5 万 m³。工程区 76.5 万富余职工得到分流安置，同时做好森林企业 48.3 万离退休人员基本养老保险社会统筹工作[①]；计划造林总规模 166.73 万 hm²，其中人工造林 27.47 万 hm²、飞播造林 116.87 万 hm²、封山育林 22.39 万 hm²，森林管护 735.64 万 hm²（姚巍，2010）。

本研究所涉及的范围包括天保工程实施的 17 个省（自治区、直辖市）。基于计算参数的空间异质性和天保工程实施方案，本研究将工程划分为 3 个研究区域（表 5-1）。西北、中西部地区主要包括位于黄河上中游地区的 8 个省（自治区）；南部地区主要包括位于长江上游地区的 7 个省（自治区、直辖市）；东北地区包括 2 个省。由于内蒙古地区造林活动主要在黄河上中游地区而调减木材产量主要在东北地区，因此本研究在计算碳排放和新造林固碳量时将内蒙古划归为西北、中西部地区，计算调减木材产量固碳量和碳泄漏时划归为东北地区。

---

① 资料来源：2003～2011 年《国家林业重点工程社会经济效益监测报告》。

表 5-1　天保工程研究区域划分

区域	工程省（自治区、直辖市）
西北、中西部地区	山西、内蒙古、河南、陕西、甘肃、青海、宁夏、新疆
南部地区	湖北、海南、重庆、四川、贵州、云南、西藏
东北地区	黑龙江（含大兴安岭）、吉林

5.1.2　情景设定与分析

在本研究中，根据天保工程实施前后工程边界内固碳和碳成本以及工程边界外碳泄漏的变化，设定了"基线"和"工程"两个情景并进行了对比分析（表5-2）。工程情景对工程边界内固碳的贡献体现在相比于基线情景的新造林固碳和调减木材产量固碳；工程情景在边界内产生的碳成本体现在相比于基线情景营造林活动中化石燃料和化石能源产品的消耗产生的温室气体排放，以及经济林营造 N_2O 的排放；工程情景在边界外产生的碳泄漏体现在相比于基线情景由于薪材产量调减导致的煤炭替代量增加和原木产量调减导致的额外新造林面积增加带来的温室气体排放。

表 5-2　天保工程温室气体收支情景设定与分析

项目	基线情景	工程情景	影响的碳收支过程
1	未开展造林	造林	固碳
2	未实施木材产量调减	木材产量调减	
3	未开展营造林及相关活动的化石燃料、化石能源产品消耗	开展营造林及相关活动的化石燃料、化石能源产品消耗	碳成本
4	没有经济林营造及相关的肥料消耗	经济林营造及相关的肥料消耗	
5	未实施薪材产量调减，相应工程边界外煤炭使用量不变	薪材产量调减，相应工程边界外煤炭使用量额外增加	碳泄漏
6	未实施原木产量调减，相应工程边界外没有额外新造林	原木产量调减，相应工程边界外额外新造林面积增加	

本研究计算了天保工程一期 2000～2010 年每年工程边界内造林、营林产生的碳成本以及工程实施导致边界外产生的碳泄漏。基于天保工程的实施内容与工程目标，工程措施包括造林、封山育林、森林管护、迹地更新和木材产量调减。

相应的温室气体收支过程包括生态工程建设和恢复对工程区域内碳库的影响、化石燃料和化石能源产品消耗、氮循环和养分循环以及工程对生产活动和物资转移的影响。因此，输出端的固碳包括新造林固碳和调减木材产量固碳；碳成本包括化石燃料燃烧碳成本、化石能源产品消耗碳成本以及造林地施肥 N_2O 排放；由于边界内原木产量调减导致边界外新造林面积增加，由此产生林业活动转移碳泄漏；由于边界内薪材产量调减导致边界外煤炭使用量增加，由此产生煤炭替代碳泄漏。本研究核算了天保工程涉及到的各项固碳量、碳成本和碳泄漏，基于固碳量扣除碳成本与碳泄漏得到整个工程的净固碳量。

5.1.3 碳成本

5.1.3.1 碳成本年际变化

基于天保工程及各区域 2000～2010 年每年各项营造林活动物资消耗量的计算及各种物资的碳排放参数，计算了天保工程及各区域碳成本的年际变化（图 5-1）。天保工程一期营造林活动共产生碳成本 2.45Tg C。不同区域碳成本存在明显差异。其中，南部地区>西北、中西部地区>东北地区。整个工程期内，上述三个区域

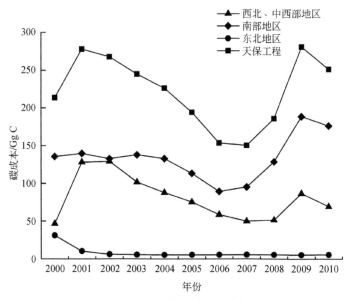

图 5-1　天保工程及各区域碳成本年际变化

的碳成本分别为1470.82Gg C、885.70Gg C 和91.72Gg C。各区域年际碳成本变化与造林面积的变化具有明显的一致性。各区域碳成本的变化主要取决于造林面积的变化，由造林面积变化导致的燃油、灌溉、肥料、建材和药剂消耗的变化是碳成本发生改变的主要原因。南部地区和西北、中西部地区碳成本变化趋势较为接近。2000～2001年，西北、中西部地区的碳成本随着造林面积的增加而上升，两个区域碳成本于2002年达到峰值129.10Gg C。2002～2007年，两个区域的碳成本随造林面积的减少而下降。2008年开始，两个区域碳成本又随造林面积的增加而上升，南部地区碳成本于2009年达到峰值188.79Gg C。东北地区只有2000～2002年有新造林，2002年后碳成本基本保持稳定，主要由新造林和森林管护所产生。由于南部地区和西北、中西部地区是天保工程碳成本的主要贡献区域，因此天保工程碳成本的变化趋势与这两个区域也基本一致。

5.1.3.2 各工程措施碳成本组成特征

本研究将各项营造林活动划分为4项主要工程措施，森林基础设施建设、造林、新造林及森林管护和迹地更新，明确了天保工程一期整个工程及各区域工程措施碳成本的组成特征（图5-2）。

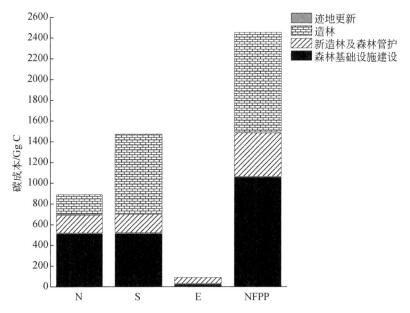

图5-2 天保工程及各区域工程措施碳排放

N，西北、中西部地区；S，南部地区；E，东北地区；NFPP，天保工程

森林基础设施建设是西北、中西部地区最大的碳成本，占碳成本总量的
57.88%；其次是造林，占碳成本总量的22.06%。这两项工程措施占碳成本总量
的79.94%（图5-2）。因而造林及配套森林基础设施建设是西北、中西部地区主
要的碳成本。造林是南部地区最大的碳成本，占碳成本总量的52.18%；其次是
森林基础设施建设，占碳成本总量的34.94%。这两项工程措施占碳成本总量的
87.12%。因而造林及配套森林基础设施建设也是南部地区的主要碳成本。然而，
东北地区新造林及森林管护是主要的碳成本，占碳成本总量的68.72%，造林及
配套森林基础设施建设占碳成本总量的31.28%。

各区域工程措施碳成本组成的不同与天保工程实施任务的区域性差异有关。
人工造林是西北、中西部地区和南部地区天保工程的主要工程措施，两个区域造
林面积之和占天保工程一期造林总面积的98.54%，因而由造林及配套森林基础
设施建设产生的碳成本是这两个区域的主要碳成本。南部地区造林碳成本是西
北、中西部地区的3.93倍，高出的碳成本中95.83%是由南部地区经济林施肥碳
成本大于西北、中西部地区经济林施肥成本引起的。天保工程一期南部地区经济
林造林面积占整个工程一期经济林造林总面积的78.46%，是西北、中西部地区
经济林造林面积的3.64倍。由于经济林需要每年施加基肥并追肥，因而肥料消
耗、运输和造林地 N_2O 直接成本是南部地区造林碳成本明显高于西北、中西部
地区的主要原因。东北地区天保工程主要以天然林资源保护和森林植被恢复为
主，因而森林巡视、抚育和防火是主要的碳成本（张志达，2006）。对于天保工
程，造林及配套森林基础设施建设是主要的工程措施碳成本，二者合计占碳成本
总量的82.43%，其中森林基础设施建设占43.04%、造林占39.39%。

5.1.3.3 各项主要营造林活动单位面积的物资使用量

基于营造林相关技术规程对物资使用量的规定，本研究通过各项营造林活动
消耗的各种化石燃料和化石能源产品量的计算结果以及各项活动涉及的面积，给
出了天保工程各项营造林活动单位面积消耗的各种物资量（表5-3）。

表5-3 各项主要营造林活动单位面积的物资使用量

物资	主要营林造林活动	单位面积用量/（kg/hm²）		
		西北、中西部地区	南部地区	东北地区
柴油	耕整地	18.00	18.00	18.00
	苗木运输	3.13	3.13	4.69
汽油	森林巡视	2.54	2.32	2.05

物资	主要营林造林活动	单位面积用量/（kg/hm²）		
		西北、中西部地区	南部地区	东北地区
航空汽油	飞播	0.19	0.19	—
航空煤油	直升机巡视	—	0.01	0.01
钢铁	护林宣传牌	1.02	1.02	1.02
	林区围栏	5.10	5.10	4.94
水泥	林区道路	892.80	892.80	892.80
	林区围栏	3.92	3.92	3.79
水	生态林灌溉	40×10^3	40×10^3	40×10^3
	经济林灌溉	1.25×10^6	0.73×10^6	1.38×10^6
肥料	经济林施肥	4934	4545	4374
除草剂	造林地除草	1.67	1.67	1.67
	幼林抚育	5.35	5.35	12.04
杀虫剂	病虫害防治	0.09	0.05	0.03

5.1.3.4 各工程措施碳成本强度

为了解各工程措施在不同区域的单位面积平均碳成本（碳成本强度），本研究汇总了新造林及森林管护、造林两项工程措施及措施下各项目的碳成本强度（表5-4）。造林的碳成本强度包含了配套森林基础设施建设的碳成本强度。相同工程措施的碳成本强度在不同区域存在差异，这主要是由于计算不同区域各工程措施碳成本时参数选取的空间异质性所致。由于东北地区天保工程没有经济林造林和飞播造林，因此这两项措施未计入该区域的碳成本。

表5-4 天保工程及各区域各工程措施碳成本强度

工程措施	措施下项目	碳成本强度/（kg C/hm²）			
		西北、中西部地区	南部地区	东北地区	天保工程
新造林及森林管护	森林巡视	0.35	0.27	0.26	0.29
	幼林抚育	16.06	16.07	37.81	16.39
	病虫害防治	0.05	0.02	0.01	0.03
造林	人工造林（生态林）	210.77	202.43	197.18	204.14
	人工造林（经济林）	3739.19	4674.02	—	4472.64
	飞播造林	202.45	194.02	—	199.29

造林措施下各项目的碳成本强度大于新造林及森林管护措施下各项目的碳成本强度（表5-4），这与造林及配套森林基础设施建设是西北、中西部地区，以

及南部地区和天保工程主要碳成本的结果相一致。在造林措施下各项目中，经济林人工造林的碳成本强度是生态林的 17.74～23.09 倍，是飞播造林的 18.47～24.09 倍。相比于生态林的粗放型管理，经济林营造过程中化肥的施用是导致经济林碳成本强度高于生态林的主要原因。由于工程区调减木材产量导致工程边界外额外新造林主要以速生丰产林为主，培育模式相比生态林更加精细化，因此本研究采用经济林的碳成本强度参数。东北地区的碳成本强度参数 EF_{aj} 由西北、中西部地区替代。

5.1.3.5 各种物资消耗碳成本组成特征

为了进一步明确天保工程碳成本的组成特征，本研究将各项营造林活动消耗的物资划分为 5 类，即燃油、灌溉、建材、肥料和药剂，对天保工程一期整个工程及各区域各类物资消耗的碳成本组成特征进行了研究（图5-3）。

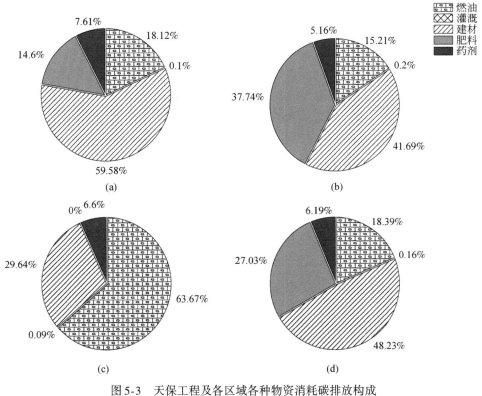

图 5-3 天保工程及各区域各种物资消耗碳排放构成

（a）西北、中西部地区；（b）南部地区；（c）东北地区；（d）天保工程

对于西北、中西部地区和南部地区，建材是最大的碳成本，其次是燃油与肥料（图5-3）。肥料占南部地区碳成本总量的比例高于西北、中西部地区。东北地区主要以森林管护为主，相关管护措施包括摩托车巡视和航空巡视消耗的燃料是该区域主要的碳成本。药剂和灌溉产生的碳成本占各区域碳成本总量的比例不到10%。对于天保工程，建材是最大的碳成本，其次是肥料和燃油，药剂和灌溉在碳成本总量中所占比例仅为6.35%。

5.1.3.6 平均每年碳成本强度空间格局

基于天保工程各省（自治区、直辖市）工程期碳成本总量和与产生碳成本相关的工程措施包括造林、封山育林和迹地更新的面积总和，研究了工程各省（自治区、直辖市）平均每年碳成本强度的空间格局（表5-5）。天保工程各省（自治区、直辖市）平均碳成本强度在 $6.63 \sim 33.84$ kg C/（hm^2·a），其中东北地区 [25.08kg C/（hm^2·a）] >南部地区 [20.54kg C/（hm^2·a）] >西北、中西部地区 [14.46kg C/（hm^2·a）]。东北地区天保工程主要以森林管护为主，相比西北、中西部地区和南部地区，东北地区的平均每年碳成本强度包括了森林管护产生的碳成本。因此东北地区的平均每年碳成本强度大于另外两个区域。南部地区与西北、中西部地区平均每年碳成本强度的差异主要体现在造林树种上。南部地区经济林营造面积占南部地区造林总面积的比例大于西北、中西部地区，并且由于营造经济林产生的碳成本强度大于生态林（表5-4），因此南部地区平均每年碳成本强度大于西北、中西部地区。整个工程的平均碳成本强度（加权平均）为17.99kg C/（hm^2·a）。

表5-5 天保工程平均每年碳成本强度空间格局

省（自治区、直辖市）	平均碳成本强度 /[kg C/（hm^2·a）]	省（自治区、直辖市）	平均碳成本强度 /[kg C/（hm^2·a）]
山西	11.87	贵州	10.08
内蒙古	13.96	云南	31.52
吉林	18.39	西藏	24.01
黑龙江	31.77	陕西	24.15
河南	7.20	甘肃	12.67
湖北	11.35	青海	6.63
海南	33.84	宁夏	6.89
重庆	15.71	新疆	32.30
四川	17.26		

5.1.4 碳泄漏

基于天保工程区木材产量调减导致工程边界外煤炭使用量增加和新造用材林面积增加，计算了煤炭替代和新造用材林面积增加造成的碳泄漏。天保工程一期碳泄漏总量为 12.78Tg C，其中煤炭替代碳泄漏 2.88Tg C、新造用材林碳泄漏 9.90Tg C。西北、中西部地区，以及南部地区和东北地区碳泄漏分别为 3.17Tg C、3.11Tg C 和 6.50Tg C，其中煤炭替代碳泄漏分别为 1.34Tg C、1.03Tg C 和 0.51Tg C；新造用材林碳泄漏分别为 1.83Tg C、2.08Tg C 和 5.99Tg C。可以看出，西北、中西部地区和南部地区煤炭替代碳泄漏和新造用材林碳泄漏结果较为接近，而东北地区新造用材林碳泄漏明显大于其他两个区域。东北地区原木调减量分别是西北、中西部地区和南部地区的 3.46 倍和 2.89 倍，相应地工程边界外新造用材林面积和由此造成的碳泄漏也大于西北、中西部地区和南部地区。各区域新造用材林碳泄漏均大于煤炭替代碳泄漏，这主要是由于各区域原木调减量均大于薪材调减量（表5-6）。天保工程调减单位体积薪材导致的煤炭替代碳泄漏量为 234.38kg C/m³；调减单位体积原木导致的新造林碳泄漏量为 74.22kg C/m³。

表5-6 天保工程各区域薪材调减量、原木调减量及煤炭替代量

区域	薪材调减量 /(10³ m³)	煤炭替代量 /(10³ t)	原木调减量 /(10³ m³)	新造林面积 /(10³ hm²)
西北、中西部地区	5 739	2 869.5	23 598	489
南部地区	4 392	2 196	28 244	441
东北地区	2 157	1 078.5	81 540	1 601
天保工程	12 288	6 144	133 382	2 531

5.1.5 净固碳量

由于各区域工程实施内容的侧重点和完成情况有所不同，因此三个区域固碳量、碳成本、碳泄漏和净固碳量的年际变化和结果具有明显差异（图5-4和表5-7）。随着新造林面积的累积，西北、中西部地区，以及南部地区和整个天保工程新造林固碳量自2000年至2010年逐年增加，占固碳总量的比例也逐年提高（图5-4）。东

北地区自 2002 年以后没有新造林，因此该区域新造林固碳量自 2002 年后呈稳定变化。西北、中西部地区，以及南部地区和天保工程每年碳成本和碳泄漏总量抵消当年固碳总量的比例随固碳总量的增加而逐年减少。然而东北地区由于固碳总量的变化比较稳定，因此每年碳成本和碳泄漏总量抵消当年固碳总量的比例也较为稳定。天保工程及三个区域净固碳量的变化与固碳总量的变化相一致，说明碳成本和碳泄漏对固碳总量具有抵消作用，但并没有影响净固碳量的变化趋势，对净固碳量变化起主导作用的还是固碳总量。

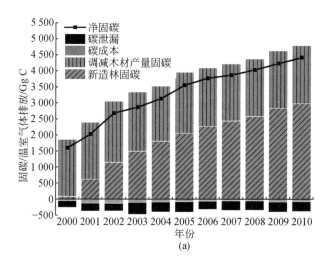

(a)

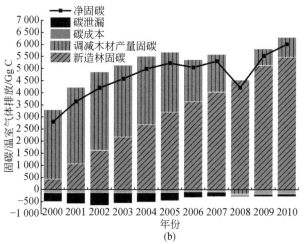

(b)

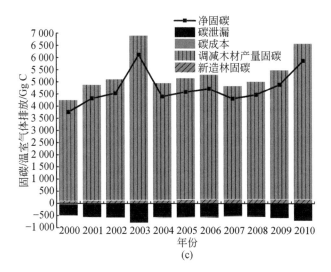

(c)

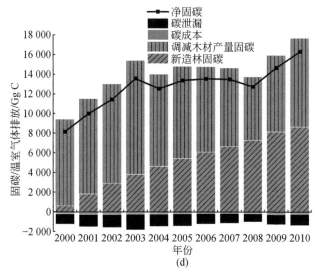

(d)

图 5-4　天保工程及各区域固碳量、碳成本、碳泄漏和净固碳量变化

（a）西北、中西部地区；（b）南部地区；（c）东北地区；（d）天保工程。

（b）中 2008 年南部地区木材产量大于 1997 年木材产量，因此调减木材产量固碳量为负值；

相应地，调减木材产量引起的工程边界外碳泄漏为 0

表 5-7　天保工程及各区域固碳量、碳成本、碳泄漏及净固碳量

区域	新造林固碳量/Tg C	占固碳总量比例/%	调减木材产量固碳量/Tg C	占固碳总量比例/%	碳成本/Tg C	占温室气体排放总量比例/%	碳泄漏/Tg C	占温室气体排放总量比例/%	净固碳量/Tg C	温室气体排放抵消固碳量/%
西北、中西部地区	20.31	50.45	19.95	49.55	0.89	21.82	3.17	78.18	36.20	10.08
南部地区	33.98	60.50	22.19	39.50	1.47	32.09	3.11	67.91	51.59	8.16
东北地区	1.65	2.81	56.91	97.19	0.09	1.39	6.50	98.61	51.98	11.24
天保工程	55.94	36.09	99.05	63.91	2.45	16.08	12.78	83.92	139.77	9.82

通过各个区域固碳量、碳成本、碳泄漏的对比得出（表5-7）：西北、中西部地区和南部地区新造林固碳量大于调减木材产量固碳量，而东北地区调减木材产量固碳是主要的固碳组成部分。碳泄漏是天保工程及三个区域的主要温室气体排放组成，占温室气体排放总量的67.91%～98.61%。不同区域碳成本和碳泄漏对固碳效益的抵消强度不同，表现为东北地区>西北、中西部地区>南部地区。从整个天保工程来看：调减木材产量固碳量大于新造林固碳量，碳泄漏大于碳成本。天保工程在工程边界内外引起的额外温室气体排放量达15.23Tg C，抵消了工程固碳效益的9.82%。因此，碳成本和碳泄漏对天保工程固碳的抵消较小。天保工程一期净固碳量为139.77Tg C，年均净固碳量为12.71Tg C/a。

基于天保工程各省（自治区、直辖市）工程期净固碳总量和工程期造林和封山育林面积总和，研究了工程各省（自治区、直辖市）净固碳速率空间格局（表5-8）。天保工程各省（自治区、直辖市）净固碳速率在306.7～17 020kg C/(hm²·a)，其中东北地区［14 638kg C/(hm²·a)］>西北、中西部地区［982.7kg C/(hm²·a)］>南部地区［830.8kg C/(hm²·a)］。各区域净固碳速率空间格局的差异主要与工程实施内容的区域性差异有关。东北地区的工程措施主要为森林管护和调减采伐量，调减采伐量的固碳效果占东北地区固碳总量的97.19%。相比未实施工程情景，基于新造林固碳和调减采伐固碳两方面的固碳效益，东北地区的净固碳速率明显高于其他两个区域。除此之外，西北、中西部地区和南部地区主要为新造林，相比新造林，森林保护具有更高的固碳速率（Lasco et al., 2013；Zheng et al., 2013）。而西北、中西部地区净固碳速率大于南部地区，这主要是由于南部地区造经济林所占的比例大于西北、中西部地区，由此导致的碳成本强度大于西北、中西部地区，呈现出净固碳速率小于西北、中西部地区。整个工程的净固

碳速率为 1053.44kg C／（hm^2·a）。

表5-8　天保工程净固碳速率空间格局

省（自治区、直辖市）	净固碳速率/[kg C/(hm^2·a)]	省（自治区、直辖市）	净固碳速率/[kg C/(hm^2·a)]
山西	512.9	贵州	669.7
内蒙古	795.3	云南	879.5
吉林	12 256.5	西藏	604.9
黑龙江	17 020.0	陕西	482.7
河南	699.1	甘肃	956.7
湖北	674.0	青海	306.7
海南	1 554.8	宁夏	542.3
重庆	842.1	新疆	3 566.1
四川	590.9		

5.1.6　讨论和结论

　　天保工程不同区域碳成本及其组成特征、碳泄漏和净固碳量存在差异。这主要是由工程实施目标和侧重点的区域性差异导致的。西北、中西部地区和南部地区以大力增加和恢复林草植被为中心，相应地造林及配套森林基础设施建设是最大的工程措施碳成本，建材是最大的物资碳成本；东北地区以保护现有天然林资源为目标，相应地新造林及森林管护是最大的工程措施碳成本，燃油是最大的物资碳成本（张志达，2006）。从整个天保工程来看，建材是最大的物资碳成本，占碳成本总量的比例接近50%。天保工程建材碳成本总量的91%来自林区道路建设。Gaboury 等（2009）也发现道路建设和维护是造林最大的温室气体成本措施，占造林各措施温室气体成本总量的46%。因此，造林工程实施前应对林区道路进行合理规划，避免盲目建设造成建材的浪费和相应温室气体排放的增加。

　　天保工程各区域由于调减木材产量导致工程边界外的碳泄漏大于边界内营造林的碳成本。武曙红等（2006）和 Schwarze 等（2002）为减少碳泄漏风险提出了应对策略。从项目层面上，有必要在造林项目实施前的设计阶段将可能的泄漏因素考虑在内并采取相应的措施，如合理选址、泄漏监测，以及开发具有社会、经济等多方面效益的项目（Schwarze et al.，2002；武曙红等，2006）；从宏观层面上，可以通过对林业碳汇项目碳信用额度上限、项目类型和规模进行控制以降低碳泄漏的风险（Schwarze et al.，2002）。

本研究碳成本和碳泄漏对天保工程固碳的抵消较小，说明天保工程在温室气体减排和减缓全球气候变暖上具有巨大潜力。也有类似研究表明造林碳汇项目净固碳效果明显。然而不同研究针对不同的造林碳汇项目展开，碳成本、碳泄漏计入边界的不同导致温室气体排放对固碳量的抵消存在差异。国内已有学者对生态林造林碳汇项目的温室气体排放和净固碳能力展开研究，结果表明，在计入期内生态林造林温室气体排放对固碳的抵消作用仅为 0.01% ~ 0.24%（魏亚韬，2011；尹晓芬等，2012；李梦等，2013；赵福生等，2015）。以上研究主要考虑造林过程机械设备和运输工具化石燃料燃烧造成的温室气体排放，且温室气体排放主要在造林当年产生。因此，相比于本研究温室气体排放对固碳的抵消作用较小。对于经济林造林碳汇项目，已有学者计量了膏桐林碳汇项目的净固碳量。营造林温室气体排放主要来自造林基肥和抚育管理追肥中含氮肥料的施用引起的 N_2O 排放，以及造林、补植补造和抚育过程苗木和化肥的运输。结果表明，该项目于造林后前 10 年均为碳源，自第 11 年开始有固碳效益。在 20 年的计入期内营造林温室气体排放对固碳的抵消作用为 17.26%（欧光龙等，2010）。天保工程造林主要以生态林为主，经济林造林的碳成本强度大于生态林造林的碳成本强度是上述研究温室气体排放抵消作用高于本研究的主要原因。国外学者对造林碳汇项目的温室气体排放和净固碳能力也有研究，这些研究主要基于对造林全过程"摇篮到大门（cradle to gate）"温室气体排放的评价，从初期种子生产至最终木材运输。研究结果表明：造林全程产生的温室气体排放仅占森林固碳量的 0.4% ~ 2.3%，占本国化石燃料燃烧温室气体排放总量的比例也很小（Berg and Lindholm，2005；Gaboury et al.，2009；Timmermann and Dibdiakova，2014）。Sathaye 和 Andrasko（2007）综述了国外学者对造林项目边界外碳泄漏的研究结果，发现碳泄漏对固碳的抵消作用为 0.02% ~ 41%。以上研究结果都表明造林碳汇项目具有显著的固碳效益。宁可等（2014）的研究表明，通过优化碳汇林的经营管理可以进一步提高森林的碳收益。除了造林碳汇项目，也有学者就其他固碳措施对温室气体减排的有效性进行了研究，发现目前较受重视的农田措施都会因温室气体的排放抵消部分甚至全部土壤固碳效益（逯非等，2009）。与之相比，重大林业生态工程具有固碳效果可观、工程碳成本和碳泄漏对工程固碳抵消小、净固碳显著等优势。森林基础设施建设、造林、新造林及森林管护、迹地更新等林业活动产生的碳成本仅可持续短暂的几年，本研究仅计算了天保工程一期内的净固碳量和年均净固碳量，然而随着林龄的增加，林分固碳速率还会继续提高（于洋等，2015）。因此，从林分生长的整个过程来看，未来天保工程的净固碳量和年均净固碳量还会进一步提高。由于中国森林总面积和平均生物量碳密度的增加，到21世纪中叶中国森林将保持较大的固碳潜力（Hu et al.，2015）。因此，造林碳汇项目，特别是类似于天保工程同时具备造林和调减木材产量两项固碳效益的林业工程，从温室气体减排角度上值得推广。基于国际能源署公布的数据，天保工程一期净固碳量相当于2000~2010年我国化石燃料燃烧温室气体排放总量的0.89%，年均净固碳量相当于2005年（我国2020年减排目标基准年）我国化石燃料燃烧温室气体排放总量的0.86%（International Energy Agency，2012）。因此，作为一个单项生态工程，天保工程的实施对我国温室气体减排目标的实现不容忽视。

本研究在天保工程碳成本、碳泄漏和净固碳量的计算上存在一定的不确定性。有研究表明，天保工程2000~2010年工程区内生态系统土壤保持量增加了9.24亿t（饶恩明，2015）。相应地，增加的土壤有机碳保持量也是天保工程的固碳效益（刘飞等，2011）。天保工程在土壤保持固碳的同时也减少了工程区土壤侵蚀量及相应的养分流失量（李士美等，2010）。土壤养分保持量的增加可能会减少工程区肥料的使用，相应地也减少了肥料生产、运输和 N_2O 直接排放。基于数据的可获得性，本研究未计算这部分可能存在的减排量，即工程边界外的正碳泄漏。森林管护是天保工程的主要措施之一，森林防火、病虫害防治和制止破坏森林资源活动的措施进一步增加了森林固碳量（张志达，2006）。然而，造林工程可能对当地生态系统构成潜在的环境风险。Smith和Torn（2013）估算了热带桉树林固碳1Pg C/a可导致土地蒸腾量在原有基础上增加50%，影响了当地水文循环并对当地生物多样性构成了威胁。Gao等（2014）也提出我国主要造林工程项目集中在干旱、半干旱地区的低生态系统水分利用效率和低植物水分利用效率的区域，导致植被固碳的水资源消耗成本较高，对生态环境造成不利影响。以上研究提到的造林对生态环境构成负面影响的"生态碳泄漏"可能会增加温室气体排放对天保工程固碳的抵消作用。基于数据的可获得性和研究方法的有待完善，本研究未计算上述天保工程额外的固碳效益和可能存在的生态碳泄漏。

天保工程一期边界内营造林碳成本总量为2.45Tg C，其中西北、中西部地区0.89Tg C，南部地区1.47Tg C，东北地区0.09Tg C；边界外碳泄漏总量为12.78Tg C，其中西北、中西部地区3.17Tg C，南部地区3.11Tg C，东北地区6.50Tg C。

天保工程不同区域碳成本组成特征不同。造林及配套森林基础设施建设是西北、中西部地区和南部地区主要的工程措施碳成本，建材是主要的物资碳成本；

新造林及森林管护是东北地区主要的工程措施碳成本，燃油是主要的物资碳成本。

天保工程一期碳成本和碳泄漏对固碳的抵消作用为 9.82%，净固碳量为 139.77Tg C，相当于同期我国化石燃料燃烧温室气体排放总量的 0.89%。因此，天保工程一期建设在我国温室气体减排和减缓全球气候变暖上做出了巨大贡献。

5.2　退耕还林（草）工程固碳认证研究

5.2.1　工程概况和研究区域划分

退耕还林（草）工程于 1999 年试点实施，于 2000 年正式启动，工程建设规划期限为 2000~2010 年。退耕还林（草）工程涉及我国 25 个省（自治区、直辖市）和新疆生产建设兵团的 2279 个县（市、区、旗）（李育材，2009）。工程措施包括退耕地还林还草、荒山荒地造林种草、封山育林，以及对退耕农户进行粮食、现金和种苗补助（李育材，2009）。工程实施的目的在于通过退耕还林还草，恢复林草植被和改善生态环境。同时改变农民传统耕种习惯，调整农村产业结构，促进地方经济发展和群众脱贫致富（李育材，2009）。退耕还林（草）工程计划将急需治理的 1467 万 hm^2 坡耕地和严重沙化耕地退耕还林还草，完成宜林荒山荒地造林种草 1733 万 hm^2，新增林草植被面积 3200 万 hm^2（陈先刚等，2009）。

本研究所涉及的范围包括退耕还林（草）工程实施的 25 个省（自治区、直辖市），基于计算参数的空间异质性，本研究将退耕还林工程划分为 5 个研究区域。西北地区包括陕西、甘肃、青海、宁夏和新疆 5 个省（自治区）；西南地区包括四川、重庆、贵州、云南和西藏 5 个省（自治区、直辖市）；东北地区包括吉林、黑龙江和辽宁 3 个省；华北地区包括北京、天津、河北、山西、内蒙古 5 个省（自治区、直辖市）；中南华东地区包括河南、湖北、湖南、安徽、江西、广西和海南 7 个省（自治区）。

5.2.2　情景设定与分析

在本研究中，根据退耕还林（草）工程实施前后工程边界内固碳和碳成本以及工程边界外碳泄漏的变化，设定了"基线"和"工程"两个情景并进行了对比分析（表5-9）。工程情景对边界内固碳的贡献体现在相比于基线情景的新造林固碳和退耕地土壤保持固碳；工程情景在边界内产生的碳成本体现在相比于基线情景营造林活动中化石燃料和化石能源产品的消耗产生的温室气体排放，以及经济林营造 N_2O 的排放；工程情景在边界外产生的碳泄漏体现在相比于基线情景农业活动转移带来的温室气体排放。

表 5-9　退耕还林（草）工程温室气体收支情景设定与分析

项目	基线情景	工程情景	影响的碳收支过程
1	未开展造林	造林	固碳
2	未开展退耕	退耕	
3	未开展营造林及相关活动的化石燃料、化石能源产品消耗	开展营造林及相关活动的化石燃料、化石能源产品消耗	碳成本
4	没有经济林营造及相关的肥料消耗	经济林营造及相关的肥料消耗	
5	未开展退耕和相应的补助粮政策	开展退耕和相应的补助粮生产与运输	碳泄漏
6	未开展退耕，相应的工程边界外没有额外的耕地开垦	开展退耕，相应的工程边界外额外耕地开垦面积增加	

5.2.3　碳成本

5.2.3.1　退耕还林（草）工程及各区域碳成本年际变化

退耕还林（草）工程建设期营造林活动共产生碳成本 14.09 Tg C。不同区域碳成本具有明显差异。其中，中南华东地区>西南地区>西北地区>华北地区>东北地区（图 5-5）。整个工程期内，上述 5 个区域的碳成本分别为 4.38Tg C、3.64Tg C、3.38Tg C、1.66Tg C 和 1.03Tg C。各区域年际碳成本主要取决于造林面积的大小，因而两者的变化具有明显一致性。由造林面积变化导致的燃油、灌溉、肥料、建材和药剂消耗量的变化是碳成本发生改变的主要原因。中南华东地区、西南地区、西北地区、华北地区和东北地区于 2000 ~ 2003 年碳成本均随造林面积的升高而增加，并于 2003 年达到峰值，分别为 639.12Gg C、532.76Gg C、

537.21Gg C、252.92Gg C 和182.86Gg C，合计为2144.87Gg C；2004～2006 年碳成本随造林面积的下降而减少。由于造林面积的稳定，退耕还林（草）工程、西北地区、东北地区、华北地区和中南华东地区碳成本于 2007～2010 年呈稳定变化。西南地区自2008 年起造林面积增加，因此碳成本随之增加。由图 5-5 可知，南方地区（中南华东地区、西南地区）碳成本大于北方地区（西北地区、华北地区和东北地区）。这主要由于南方地区退耕还林工程建设期内经济林营造面积大于北方地区，并且营造单位面积经济林的物资投入和产生的碳成本都大于生态林（表5-10 和表5-11）。

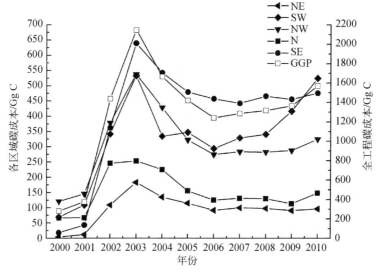

图 5-5　退耕还林（草）工程及各区域碳成本年际变化

NW，西北地区；SW，西南地区；NE，东北地区；N，华北地区；
SE，中南华东地区；GGP，退耕还林（草）工程

表 5-10　各项主要营造林活动单位面积的物资使用量

物资	主要营林造林活动	单位面积用量/（kg/hm²）				
		西北	西南	东北	华北	中南华东
柴油	耕整地	18.00（全国参数）				
	苗木运输	3.13	3.13	4.69	3.13	3.13
汽油	森林巡视	2.54	2.32	2.05	2.84	2.26
钢铁	护林宣传牌	1.02（全国参数）				
	林区围栏	5.10	5.10	4.94	5.10	4.95

续表

物资	主要营林造林活动	单位面积用量/(kg/hm²)				
		西北	西南	东北	华北	中南华东
水泥	林区道路	892.80（全国参数）				
	林区围栏	3.92	3.92	3.79	3.92	3.80
水	生态林灌溉	40×10³（全国参数）				
	荒山荒地经济林灌溉	2.7×10⁵	3.1×10⁵	2.4×10⁵	1.6×10⁵	1.8×10⁵
	退耕地经济林灌溉	1.2×10⁶	7.3×10⁵	1.4×10⁶	1.0×10⁶	7.1×10⁵
肥料	荒山荒地造经济林	1114	1144	1203	842.18	1201
	退耕地造经济林	4934	4545	4374	4714	4384
除草剂	造林地除草	1.67（全国参数）				
	荒山荒地幼林抚育	5.21	5.05	11.68	7.86	5.19
	退耕地幼林抚育	5.35	5.35	12.04	8.02	5.40
杀虫剂	荒山荒地病虫害防治	0.08	0.04	0.02	0.05	0.09
	退耕地病虫害防治	0.09	0.05	0.03	0.06	0.11

表 5-11　退耕还林（草）工程及各区域各工程措施碳成本强度

工程措施	项目	碳成本强度/(kg C/hm²)					
		西北	西南	东北	华北	中南华东	退耕还林工程
新造林及森林管护	森林巡视	2.21	2.02	1.79	2.47	1.96	2.12
	幼林抚育	16.54	16.24	37.16	24.82	16.48	19.58
	病虫害防治	0.31	0.15	0.09	0.19	0.38	0.25
退耕地造林	生态林	185.11	185.11	186.32	185.11	184.98	185.19
	经济林（11年期）	6150.0	5672.35	5479.52	5882.09	5478.40	5708.35
荒山荒地造林	生态林	200.67	200.67	201.88	200.67	200.54	200.73
	经济林（4年期）	1547.0	1583.17	1654.17	1217.29	1649.92	1562.66

5.2.3.2　各工程措施碳成本组成特征

本研究将各项营造林活动划分为5项主要工程措施：退耕地造林、荒山荒地造林、新造林及森林管护、森林基础设施建设和种草，对退耕还林（草）工程各区域工程措施碳成本的组成特征进行研究（图5-6）。

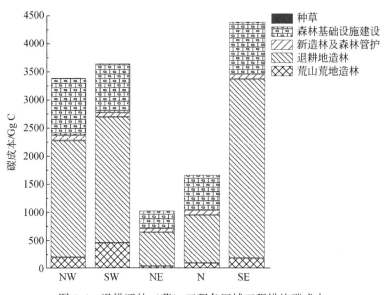

图 5-6　退耕还林（草）工程各区域工程措施碳成本

NW, 西北地区；SW, 西南地区；NE, 东北地区；N, 华北地区；SE, 中南华东地区

各区域工程措施碳成本的组成特征比较一致（图 5-6）。造林（退耕地造林和荒山荒地造林）引起的碳排放占各区域碳成本总量的 56.6% ~76.6%，其中，退耕地造林碳排放是各区域造林碳成本的主要来源，占各区域造林碳成本的 83.2% ~94.7%；森林基础设施建设碳排放占各区域碳成本总量的 21.3% ~37.8%，因此造林及森林基础设施建设碳排放是各区域主要的碳成本，占各区域碳成本总量的 92.1% ~97.8%；新造林及森林管护和种草碳排放占各区域碳成本总量的比例较小，仅为 2% ~8%，其中，种草产生的碳成本最少，占各区域碳成本总量的比例仅为 0.1% ~1.5%。

退耕还林（草）工程所包含的工程措施并无明显区域性差异，因此各区域碳成本组成特征相对一致。然而，各工程措施碳成本在碳成本总量中所占比例与各措施包含的营造林活动相关。经济林主要在退耕地上营造，而荒山荒地造林以生态林为主（余峰和李月祥，2012）。相比于生态林，由于经济林营造需要施加基肥和抚育追肥，由此导致肥料生产、运输和造林地 N_2O 排放大量碳成本。基于退耕地造林碳成本包含退耕地造经济林的碳成本，因而其碳成本高于荒山荒地造林碳成本，并且是各个区域造林碳成本的主要来源。此外，由于南方地区经济林营造面积大于北方地区，因此退耕地造林碳成本占南方地区碳成本总量的比例大于北方地区。从整个退耕还林（草）工程来看，造林及森林基础设施建设是主要的碳成本来源，占碳成本总量的 96.7%，其中退耕地造林碳成本占 63.3%、森林基础设施建设碳成本占 26.7%、荒山荒地造林碳成本占 6.7%；新造林及森林管护和种草碳成本仅占退耕还林工程碳成本总量的 3.3%。

5.2.3.3 各项主要营造林活动单位面积的物资使用量

基于营造林相关技术规程对物资使用量的规定，本研究通过各项营造林活动消耗的各种化石燃料和化石能源产品量的计算结果以及各项活动涉及的面积，给出了退耕还林（草）工程各项营造林活动单位面积消耗的各种物资量（表 5-10）。

5.2.3.4 各工程措施碳成本强度

为了解各工程措施在不同区域的单位面积平均碳成本（碳成本强度），本研究汇总了退耕地造林、荒山荒地造林和新造林及森林管护 3 项工程措施及措施下各项目的碳成本强度（表 5-11）。其中，退耕地造林和荒山荒地造林的碳成本强度包含了配套森林基础设施建设的碳成本强度。相同工程措施的碳成本强度在不同区域存在差异，这主要是由于计算不同区域各工程措施碳成本时参数选取的空间异质性所致。

退耕地造林、荒山荒地造林各项措施的碳成本强度均大于新造林及森林管护，这与此前分析的造林是各区域主要工程措施碳成本的结果一致。由于经济林相比生态林需要投入肥料和更多的灌溉碳成本，各区域退耕地造经济林碳成本强度是退耕地造生态林碳成本强度的 29.41 ~ 33.22 倍。荒山荒地造经济林的开始年份（2007 年）晚于退耕地造经济林（2000 年）[①]，且由于经济林造林后每年仍需要投入肥料和灌溉碳成本，相应地在 4 年期内单位面积荒山荒地造经济林投入的碳成本（碳成本强度）小于 11 年期的退耕地造经济林。

5.2.3.5 各种物资消耗碳成本组成特征

为进一步明确退耕还林工程碳成本的组成特征，本研究将各项营造林活动消耗的物资划分为 5 类，燃油、灌溉、建材、肥料和药剂，对退耕还林工程及各区域各类物资消耗的碳成本组成特征进行研究（图 5-7）。

---

① 资料来源：2001 ~ 2011 年《中国林业年鉴》。

图5-7 退耕还林工程及各区域各种物资消耗碳成本

NW，西北地区；SW，西南地区；NE，东北地区；N，华北地区；SE，中南华东；GGP，退耕还林(草)工程

肥料碳成本是各区域最大的物资碳成本，占各区域碳成本总量的比例在50%以上，且肥料碳成本在南方地区碳成本总量所占比例高于北方地区。南方地区经济林造林面积大于北方地区，而肥料的碳排放来自经济林人工造林，因此肥料碳成本在南方地区占有更大比例。其次是建材碳成本，占各区域碳成本总量的比例在30%左右。肥料和建材碳成本是主要的物资碳成本，二者之和占各区域碳成本总量的85%以上，这与此前分析的造林和森林基础设施建设碳成本是各区域主要工程措施碳成本的结果一致。燃油、灌溉和药剂的碳成本比例较小，三者之和占各区域碳成本总量的比例为10%左右。从整个退耕还林（草）工程来看，肥料和建材碳成本是主要的物资碳成本，而燃油、灌溉和药剂碳成本占碳成本总量的比例不足10%。

5.2.3.6 平均每年碳成本强度空间格局

基于退耕还林（草）工程各省（自治区、直辖市）工程期碳成本总量与产生碳成本相关的工程措施的面积总和，包括造林、封山育林和人工种草，分析了工程各省（自治区、直辖市）平均每年的碳成本强度分布格局（表5-12）。退耕还林（草）工程各省（自治区、直辖市）平均碳成本强度在 10.67 ~ 87.04kg C/(hm²·a)，其中中南华东地区 [(66.70kg C/(hm²·a)] >西南地区 [49.77kg C/(hm²·a)] >华北地区 [39.53kg C/(hm²·a)] >西北地区 [38.20kg C/(hm²·a)] >东北地区 [33.43kg C/(hm²·a)]。总体上，南方地区平均每年碳成本强度大于北方地区，这主要是由于造林树种的区域性差异所致。南方地区经济林营造面积占造林总面积的比例大于北方地区，且由于经济林营造的碳成本强度高于生态林（表5-11），由此导致南方地区平均每年碳成本强度大于北方地区。进一步分析可以发现，退耕还林（草）工程平均每年碳成本强度较大的地区主要分布在水热条件较好的中南华东地区，这主要是由于该区域森林经营与管理的投入相比其他地区更多，种植的树种也包括具有较高经济价值的名、特、优经济林，相比粗放型的营造林活动产生更多的碳成本。而东北地区退耕还林树种以生态林为主，营造林投入较少，产生的碳成本比其他地区也要小。整个工程的平均碳成本强度为50.31kg C/(hm²·a)。

表 5-12　退耕还林（草）工程平均每年碳成本强度空间格局

省（自治区、直辖市）	平均碳成本强度 /[kg C/(hm²·a)]	省（自治区、直辖市）	平均碳成本强度 /[kg C/(hm²·a)]
河北	51.98	海南	66.93
山西	43.37	重庆	54.09
内蒙古	23.23	四川	63.55
辽宁	49.79	贵州	32.88
吉林	24.42	云南	87.04
黑龙江	26.08	西藏	11.28
安徽	71.58	陕西	58.78
江西	54.25	甘肃	40.89
河南	61.49	青海	10.67
湖北	69.36	宁夏	22.74
湖南	67.81	新疆	57.90
广西	75.47		

5.2.4　碳泄漏

5.2.4.1　补助粮运输碳泄漏

基于退耕还林（草）工程每年补助粮运输的数量和运输距离（表 5-13），计算补助粮运输产生的碳泄漏。结果表明：退耕还林工程补助粮运输共产生碳泄漏 270.93Gg C。西北地区、西南地区、东北地区、华北地区和中南华东地区分别为 93.73Gg C、75.58Gg C、27.34Gg C、28.79Gg C 和 45.49Gg C；运输补助粮产生的碳泄漏分别为 30.00kg C/t、15.87kg C/t、8.52kg C/t、9.43kg C/t 和 14.67kg C/t。

表 5-13　退耕还林（草）工程及各区域补助粮运输重量和耕地开垦面积

区域	耕地开垦面积/hm²			运输补助粮重量 /10⁶ t
	自林地	自灌丛	自草地	
西北	29 106	616 036	1 222 358	35
西南	46 376	12 227	9 230	35

区域	耕地开垦面积/hm²			运输补助粮重量
	自林地	自灌丛	自草地	/10⁶ t
东北	54 708	212	74 071	14
华北	3 891	1 318	78 048	10
中南华东	51 478	40 441	12 260	26
退耕还林（草）工程	185 559	670 234	1 395 967	120

5.2.4.2 耕地开垦碳泄漏

基于退耕还林（草）工程各区域内林地、灌丛与草地转为耕地的面积（表5-13）和不同土地利用类型植被以及土壤碳密度值，计算耕地开垦碳泄漏。结果表明：工程耕地开垦共产生碳泄漏 36.27Tg C。西北地区、西南地区、东北地区、华北地区和中南华东地区分别为 21.24Tg C、4.52Tg C、5.48Tg C、1.29Tg C 和 3.74Tg C。西北地区森林、灌丛和草地转为耕地的面积分别是西南地区、东北地区、华北地区和中南华东地区的 27.53 倍、14.48 倍、22.43 倍和 17.93 倍，因此西北地区耕地开垦产生的碳泄漏大于其他区域。在退耕还林（草）工程耕地开垦碳泄漏中，森林植被和土壤碳损失占碳泄漏总量的45.1%、灌丛植被和土壤碳损失占39.3%、草地植被和土壤碳损失占15.6%；植被碳损失占碳泄漏总量的比例高于土壤碳损失。

5.2.5 净固碳量

基于退耕还林（草）工程及各区域新造林固碳量、土壤保持固碳量、碳成本和碳泄漏的计算结果，计算退耕还林（草）工程及各区域的净固碳量（图5-8和表5-14）。退耕还林（草）工程和各区域新造林固碳量和土壤保持固碳量随着累计新造林面积的增加而增加（图5-8）。碳成本和碳泄漏对每年的固碳效益具有一定的抵消作用，但随着固碳效益的逐年增加，抵消作用逐渐减小。各区域碳成本和碳泄漏对固碳的抵消从 2000 年的 53.6% ~410.4% 降至 2010 年的 2.8% ~6.5%。

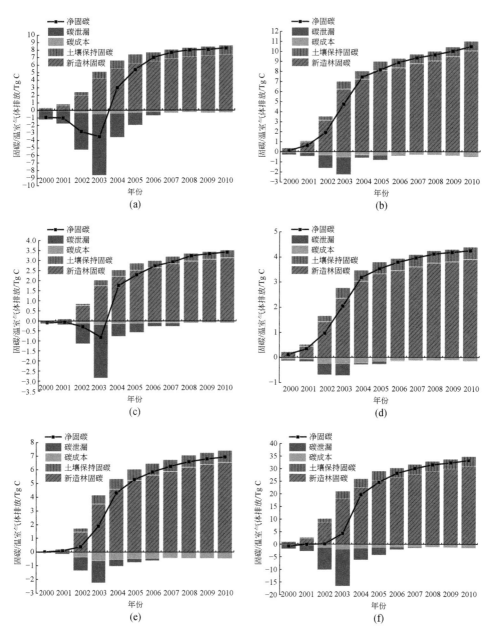

图 5-8 退耕还林（草）工程及各区域固碳量、碳成本、碳泄漏及净固碳量变化

（a）西北地区；（b）西南地区；（c）东北地区；（d）华北地区；

（e）中南华东地区；（f）退耕还林（草）工程

表 5-14 退耕还林工程及各区域固碳量、碳成本、碳泄漏及净固碳量

地区	固碳				碳成本		碳泄漏		净固碳	
	新造林固碳量/Tg C	占固碳总量比例/%	土壤保持固碳量/Tg C	占固碳总量比例/%	碳成本量/Tg C	占碳排放总量比例/%	碳泄漏量/Tg C	占碳排放总量比例/%	净固碳量/Tg C	碳排放抵消固碳量/%
西北	53.55	84.3	10.01	15.8	3.38	13.7	21.33	86.3	38.85	38.9
西南	71.61	90.1	7.89	9.9	3.64	44.2	4.60	55.8	71.26	10.4
东北	22.03	88.1	2.98	11.9	1.03	15.8	5.50	84.2	18.48	26.1
华北	29.32	87.6	4.14	12.4	1.66	55.7	1.32	44.3	30.48	8.9
中南华东	45.66	86.8	6.93	13.2	4.38	53.7	3.78	46.3	44.43	15.5
退耕还林(草)工程	222.17	87.4	31.95	12.6	14.09	27.8	36.53	72.2	203.50	19.9

西北地区于退耕还林（草）工程初期（2000~2003 年）随着耕地开垦面积的增加和由此产生碳泄漏量的增加，每年碳成本和碳泄漏总和大于固碳总量，净固碳量自-0.96Tg C 降至-3.52Tg C。因此，西北地区退耕还林（草）工程于该时间段是碳排放过程。自 2004 年起，由于耕地开垦面积的减少和由此产生碳泄漏量的减少，固碳总量大于碳成本和碳泄漏总和，该区域退耕还林（草）工程由碳排放转为碳吸收且净固碳量开始逐年上升。东北地区固碳量、碳成本、碳泄漏及净固碳量的变化与西北地区类似，2000~2003 年为碳排放过程，净固碳量由-0.093Tg C 降至-0.82Tg C，自 2004 年起转为碳吸收过程。西南地区、华北地区和中南华东地区于工程建设期内均为碳吸收过程，且净固碳量随固碳总量的增加而上升。每年的碳成本和碳泄漏对当年固碳总量具有一定的抵消作用，但并没有影响净固碳量的变化趋势，说明这 3 个区域对净固碳量起主导作用的还是固碳总量。整个退耕还林（草）工程在 2000 年和 2001 年为碳排放过程，但不同于西北地区和东北地区，净固碳量在工程建设期内逐年增加并于 2002 年起由碳排放转为碳吸收。退耕还林（草）工程和各区域碳泄漏均在 2003 年达到最大，这主要是由于 2003 年退耕面积为工程实施以来最多的一年（吕金芝和王焕良，2010），相应地，工程边界外由于当年耕地开垦导致的碳泄漏也是最大的一年。2004 年后由于退耕面积急剧调减（吕金芝和王焕良，2010），相应地，边界外耕地开垦碳泄漏比 2003 年大幅降低，因此整个工程和各区域净固碳量自 2004 年起明显增加。

通过各个区域固碳量、碳成本、碳泄漏的对比得出（表5-4）：新造林固碳是各区域的主要固碳组成部分，占各区域固碳总量的比例高于80%。碳泄漏是西北地区、东北地区主要的碳排放组成，占碳排放总量的比例在80%以上；西南地区、华北地区和中南华东地区碳成本和碳泄漏各占碳排放总量的50%左右。不同区域碳成本和碳泄漏对固碳效益的抵消强度不同，表现为西北地区>东北地区>中南华东地区>西南地区>华北地区。从整个退耕还林（草）工程来看：新造林固碳量大于土壤保持固碳量，碳泄漏大于碳成本。退耕还林（草）工程在工程边界内外引起的额外温室气体排放量达到50.62Tg C，抵消了工程固碳效益的19.9%。因此，碳成本和碳泄漏对退耕还林（草）工程固碳的抵消较小。退耕还林（草）工程建设期内净固碳量为203.50Tg C，年均净固碳量为18.50Tg C。

基于退耕还林（草）工程各省（自治区、直辖市）工程期净固碳总量和与固碳相关的工程措施的面积总和，包括造林和退耕地种草，分析了工程各省（自治区、直辖市）净固碳速率空间格局（表5-15）。退耕还林（草）工程各省（自治区、直辖市）净固碳速率在276.90~1528.46kg C/（hm² · a）。其中西南地区 [1214.04kg C/（hm² · a）] >东北地区 [1023.83kg C/（hm² · a）] >中南华东地区 [858.29kg C/（hm² · a）] >华北地区（768.97kg C/（hm² · a）] >西北地区 [703.08kg C/（hm² · a）]。整个工程的净固碳速率为876.69kg C/（hm² · a）。

表5-15 退耕还林（草）工程净固碳速率空间格局

省（自治区、直辖市）	净固碳速率 /[kg C/（hm² · a）]	省（自治区、直辖市）	净固碳速率 /[kg C/（hm² · a）]
河北	723.7	海南	1458.7
山西	665.9	重庆	1203.5
内蒙古	917.3	四川	1268.4
辽宁	736.5	贵州	1357.6
吉林	1463.4	云南	1528.5
黑龙江	871.6	西藏	712.2
安徽	874.9	陕西	276.9
江西	614.6	甘肃	872.9
河南	906.3	青海	903.2
湖北	888.7	宁夏	788.3
湖南	606.6	新疆	674.1
广西	658.2		

5.2.6　讨论与结论

由于研究对象、边界划定和参数使用的差异，不同研究得到的碳成本组成特征存在差异。目前关于造林项目碳成本的研究通常采用生命周期分析（LCA）的方法，从种苗生产、整地、种植、树木采伐和木材运输至加工厂全过程碳排放的估算（Gaboury et al.，2009；Timmermann and Dibdiakova，2014）。多项研究表明，木材采伐和运输过程燃油的碳排放是造林项目最大的碳成本（Berg and Lindholm，2005；May et al.，2012；González-García et al.，2014；Timmermann and Dibdiakova，2014）。其中，木材运输碳成本占碳成本总量的比例可高达52%（Timmermann and Dibdiakova，2014）。然而，由于营造林模式多为粗放型，不施加或少量施加肥料，因此肥料的碳成本较小（Timmermann and Dibdiakova，2014；González-García et al.，2014），占造林碳成本总量的比例仅不到1%（Berg and Lindholm，2005；Timmermann and Dibdiakova，2014）。基于退耕还林（草）工程建设期内新造幼龄林不涉及木材的利用，本研究未将木材的采伐和运输计入边界，相应地，燃油占碳成本总量的比例也远小于上述研究。虽然退耕还林（草）工程建设期内经济林造林面积占造林总面积的10%，但营造经济林需要投入的基肥和追肥量高达787.31×10^{4}t（折纯量），相应地，肥料产生的碳成本在碳成本总量中所占比例也不容忽视。因此，根据苗木在不同生长期对养分的需求量、土壤养分供给量、肥料利用率等对经济林进行精准施肥，是今后造林工程减少肥料使用和降低碳成本的可能途径（逯非等，2008；左海军等，2010）。

退耕还林（草）工程建设期碳排放的72.2%来自碳泄漏，说明碳泄漏是工程的主要碳排放组成部分。由于边界内退耕导致耕地开垦活动转移至边界外产生的碳泄漏是退耕还林（草）工程碳泄漏的主要来源，占工程碳排放总量的71.7%，抵消了退耕还林（草）工程固碳效益的14.0%。关于造林和森林保护项目边界外活动转移如采伐和土地利用变化产生碳泄漏的研究表明，活动转移碳泄漏可抵消固碳效益的50%左右甚至更高（Murray et al.，2004；Sun and Sohngen，2009）。上述活动转移碳泄漏的研究边界为跨区域尺度，采用的计算方法也是基于跨区域、跨时期的模型。本研究为减小碳泄漏计算的不确定性，活动转移碳泄漏的研究范围仅在开展退耕还林（草）工程的县（市、区、旗）的行政区域内，而且退耕的土地主要为低产的坡耕地，对粮食生产影响不大。因此，本研究活动转移碳泄漏对固碳的抵消作用相对较小。

　　碳成本和碳泄漏对退耕还林（草）工程固碳的抵消较小，表明工程为温室气体减排和减缓全球气候变暖做出了巨大贡献。类似研究也表明，造林项目具有可观的净固碳效果，然而由于各研究针对的造林项目的特征以及计入边界的碳成本、碳泄漏不同，得出的碳排放对固碳量的抵消强度存在差异。目前，国内针对生态林造林过程中机械设备和运输工具化石燃料燃烧在造林当年所造成的碳排放研究结果表明，计入期内造林碳排放对固碳的抵消强度仅为 0.01% ~ 0.2%（魏亚韬，2011；尹晓芬等，2012；李梦等，2013；赵福生等，2015）。国外学者基于生态林造林全生命周期碳排放的计算也表明，造林产生的碳排放仅占森林固碳量的0.4% ~ 2.3%，占本国化石燃料燃烧碳排放总量的比例也很小（Berg and Lindholm，2005；Gaboury et al.，2009；Timmermann and Dibdiakova，2014）。针对膏桐经济林碳汇项目的研究表明，森林管理引起的 CO_2 和 N_2O 排放在 20 年计入期内可抵消固碳效益的 17.3%，其中，造林后 10 年内均表现为净温室气体排放源，之后才具有净固碳效益（欧光龙等，2010）。经济林碳成本强度高于生态林是经济林造林项目固碳抵消强度高于生态林造林项目的主要原因（表5-11）。本研究退耕还林（草）工程碳排放对固碳的抵消强度高于上述各研究，主要是由于本研究计算了营造林过程每年可能产生的碳成本，并且考虑了碳泄漏对固碳的抵消。相比于目前几种典型农田措施碳排放都会抵消部分甚至全部土壤固碳效益（逯非等，2009），重大林业生态工程具有净固碳效果可观、工程碳成本和碳泄漏对固碳抵消较小等优势。基于国际能源署公布的数据（International Energy Agency，2012），退耕还林（草）工程建设期净固碳量相当于 2000 ~ 2010 年我国化石燃料燃烧碳排放总量的 1.3%，年均净固碳量相当于 2005 年（我国 2020 年减排目标基准年）我国化石燃料燃烧碳排放总量的 1.3%。因此，作为一个单项生态工程，退耕还林（草）工程的实施对我国温室气体减排目标的实现的影响不容忽视。

　　基于退耕还林（草）工程在温室气体净减排上具有巨大潜力，通过降低活动转移碳泄漏可进一步提高工程的净固碳能力。可采取的措施包括为退耕农民提供除薪材外可替代的能源、提供补贴和就业机会，以增加农民收入（Martello et al.，2010）。此外，提高工程区退耕地农民对退耕还林工程的认识（Lasco et al.，2007）和发展可持续农业措施以提高优质耕地的产量（De Jong et al.，2007），也是今后退耕还林（草）工程减少活动转移碳泄漏的可能措施。

　　本研究在退耕还林（草）工程碳成本、碳泄漏和净固碳量的计算上存在一定不确定性。本研究假设退耕还林所涉及的县（市、区、旗）内林地、灌丛、草地的开垦均与退耕还林有关。工程建设期共退耕地造林种草 $7.75×10^6 hm^2$，工程涉及县级行政区内新开垦林地、灌丛和草地为农田的面积约 $1.88×10^6 hm^2$，约占退耕地造林的 1/4。国际上关于造林项目活动转移碳泄漏的研究表明，边界外毁林面积约占边界内造林面积的 10%（de Jong et al.，2007）。我国退耕还林（草）工程涉及县级行政区数量众多，其总面积约占陆地面积的 3/4，在此范围内发生的开垦活动，可能仍然有部分并非直接由退耕还林引起，因此在估算开垦农田导致的碳泄漏可能存在高估；退耕还林（草）工程在土壤保持固碳的同时也减少了工程区土壤侵蚀量及相应的养分流失量（李士美等，2010）。土壤养分保持量的增加可能会减少工程区肥料的使用，相应也减少了肥料生产、运输和 N_2O 直接排放。基于数据的可获得性，本研究未计算这部分可能存在的减排量，即工程边界外的正碳泄漏。生态移民是退耕还林（草）工程实施的措施之一[①]，然而基于数据的可获得性，本研究未计算生态移民过程产生的碳泄漏。本研究认为，退耕还林（草）工程生产补助粮产生的碳排放只是原退耕地产粮碳排放的转移，因此补助粮生产造成的碳泄漏为 0。实际上，原退耕地上单位粮食产量碳排放与非退耕地或新开垦耕地单位粮食产量碳排放可能存在一定差异，因此本研究在方法部分提出的假设具有一定不确定性。但是基于退耕还林（草）工程建设期各工程省（自治区、直辖市）补助粮数量占各省（自治区、直辖市）粮食总产量的比例最多不超过 16%，有的省份甚至不到 1%，因此，即使补助粮生产造成的碳泄漏存在，其不确定性对本研究结果的影响也较小。退耕还林（草）工程作为我国一项生态补偿措施，对工程参与农户的补偿标准和补偿方式还不够完善（李国平等，2014）。如果参与生态补偿措施的农户没有得到必要的经济补偿，可能会影响农户参与的积极性，引起生态资源的不合理利用进而导致生态服务功能的退化（欧阳志云等，2013）。因此，基于研究方法的有待完善，本研究未计算退耕还林（草）工程实施后由于社会经济影响导致的生态碳泄漏。

退耕还林（草）工程建设期边界内营造林碳成本总量为 14.09Tg C，其中，西北地区、西南地区、东北地区、华北地区、中南华东地区分别为 3.38Tg C、3.64Tg C、1.03Tg C、1.66Tg C、4.38Tg C；边界外碳泄漏总量为 36.53Tg C，其中西北地区、西南地区、东北地区、华北地区、中南华东地区分别为 21.33Tg C、4.60Tg C、5.50Tg C、1.32Tg C、3.78Tg C。

退耕还林（草）工程期内，碳成本对固碳量的抵消作用为 5.5%。退耕还林

---

① 资料来源：2003～2011 年《国家林业重点工程社会经济效益监测报告》。

（草）工程不同区域碳成本组成特征基本一致。造林引起的碳排放是各区域主要的工程措施碳成本，占各区域碳成本总量的比例在56.6%～76.6%，其中，退耕地造林是主要的造林碳成本来源。相应地，肥料引起的碳排放是各区域主要的物资碳成本，占各区域碳成本总量的比例达到50%左右甚至更高。

退耕还林（草）工程建设期内，边界外耕地开垦碳泄漏是碳泄漏的主要组成部分，占碳成本和碳泄漏总量的71.6%，抵消了退耕还林（草）工程固碳效益的14%。因此，减少退耕还林（草）工程耕地开垦导致的碳泄漏可进一步提高工程的净固碳能力。

退耕还林（草）工程一期碳成本和碳泄漏对固碳的抵消作用为19.9%，净固碳量为203.50Tg C，相当于同期我国化石燃料燃烧碳排放总量的1.3%。因此，退耕还林（草）工程建设在我国温室气体减排和减缓全球气候变暖上做出了巨大贡献。

5.3 小结与展望

本研究基于各重大生态工程实施消耗的化石能源与化石能源产品的量以及各种化石能源和化石能源产品对应的碳排放参数，计算了重大生态工程实施导致边界内产生的碳成本；基于重大生态工程实施导致农业、林业、牧业活动转移，煤炭使用量增加和生态移民导致边界外碳泄漏的计算，核算了重大生态工程的净固碳量。得出以下主要结论。

5.3.1 碳成本

（1）天保工程一期营造林活动共产生碳成本2.45Tg C，西北、中西部地区、南部地区、东北地区分别为885.70Gg C、1470.82Gg C、91.72Gg C；造林及配套森林基础设施建设是主要的工程措施碳成本，二者合计占碳成本总量的82.4%，其中森林基础设施建设占43.0%，造林占39.4%；建材是最大的碳成本，其次是肥料和燃油，药剂和灌溉在碳成本总量中所占比例仅为6.4%。

（2）退耕还林（草）工程建设期营造林活动共产生碳成本14.09Tg C，西北地区、西南地区、东北地区、华北地区、中南华东地区的碳成本分别为3.38Tg C、3.64Tg C、1.03Tg C、1.66Tg C、4.38Tg C；造林及森林基础设施建设是主要的碳成本来源，占碳成本总量的96.7%，新造林及森林管护和种草碳成本仅占退耕还林工程碳成本总量的 3.3%；肥料和建材碳成本是主要的物资碳成本，二者碳成本之和占碳成本总量的 91%，而燃油、灌溉和药剂碳成本占碳成本总量的比例不足 10%。

5.3.2 碳泄漏

（1）天保工程一期碳泄漏总量为 12.78Tg C。西北、中西部地区、南部地区和东北地区碳泄漏分别为 3.17Tg C、3.11Tg C 和 6.50Tg C，其中煤炭替代碳泄漏分别为 1.34Tg C、1.03Tg C 和 0.51Tg C，新造用材林碳泄漏分别为 1.83Tg C、2.08Tg C 和 5.99Tg C。

（2）退耕还林（草）工程碳泄漏总量为 36.53Tg C。西北地区、西南地区、东北地区、华北地区、中南华东地区的碳泄漏分别为 21.33Tg C、4.60Tg C、5.50Tg C、1.32Tg C、3.78Tg C，其中运输补助粮碳泄漏分别为 93.73Gg C、75.58Gg C、27.34Gg C、28.79Gg C 和 45.49Gg C，耕地开垦碳泄漏分别为 21.24Tg C、4.52Tg C、5.48Tg C、1.29Tg C 和 3.74Tg C。

5.3.3 净固碳量

（1）天保工程在工程边界内外引起额外温室气体排放量达 15.23Tg C，抵消了工程固碳效益的 9.82%。天保工程一期净固碳量为 139.77Tg C，年均净固碳量为 12.71Tg C。天保工程一期净固碳量相当于同期我国化石燃料燃烧碳排放总量的 0.89%。

（2）退耕还林（草）工程在工程边界内外引起的额外温室气体排放量达到 50.62Tg C，抵消了工程固碳效益的 19.9%。退耕还林（草）工程建设期内净固碳量为 203.50Tg C，年均净固碳量为 18.50Tg C。退耕还林（草）工程净固碳量相当于同期我国化石燃料燃烧碳排放总量的 1.3%。

5.3.4 展望

重大生态工程的实施显著增加了森林固碳量，对我国林业目标的实现和减缓全球气候变暖发挥了重要作用。随着各工程已造林林龄的增加和各工程二期的开展，重大生态工程的固碳量和净固碳量还会有进一步提高。然而，重大生态工程实施导致的边界内外温室气体排放抵消了各工程固碳效益的10%~20%。今后可以在增加营造林面积的同时采取措施减少碳成本和碳泄漏的产生以增加重大生态工程的净固碳能力。减少碳成本的方法包括对林区道路建设前进行合理规划以减少道路建设和林区道路围栏建设建材浪费产生的碳排放；经济林采用精准施肥并提倡采用有机肥料以减少化肥生产、运输及造林地 N_2O 释放产生的碳排放。碳泄漏是各重大生态工程主要的温室气体排放组成部分，减少农业、林业和畜牧业活动转移碳泄漏的途径包括在工程开展前对工程进行合理规划、让农户和牧民真正了解工程实施的目的意义、为参与工程的农户和牧民提供可替代的生存方式和合理的补偿措施；减少生态移民碳泄漏的途径包括就近安置移民、按照生态移民的户数合理建造生态移民住宅。

本研究在计算各项重大生态工程碳成本、碳泄漏和净固碳量上具有一定不确定性，主要来自数据的可获得性和研究方法的有待完善。本研究的不确定性主要来自各项重大生态工程生态碳泄漏；天保工程和退耕还林（草）工程土壤侵蚀减少带来养分固持的减排效益（正碳泄漏）；退耕还林（草）工程下退耕还林措施的补助粮生产碳足迹。本研究关于各项重大生态工程工程措施的实施面积的数据来自农业、林业和畜牧业相关统计资料。然而，在进行工程量统计和上报时与实际完成可能存在偏差，因此本研究在计算重大生态工程固碳量、碳成本与碳泄漏时可能存在高估。

随着我国天保工程二期（2011~2020年）和退耕还林（草）工程二期（2011~2020年）的开展以及对森林固碳量关注度的逐渐增加，明确重大生态工程实施导致的温室气体排放对固碳的抵消作用以及如何采取措施以减少碳成本、碳泄漏和增加净固碳量对后期重大生态工程的开展具有重要科学意义。

参 考 文 献

《四川牧区人工种草》编委会.2012.四川牧区人工种草.成都：四川科学技术出版社.

白秀萍，陈绍志，何友均，等.2015.国外林区道路发展现状及启示.世界林业研究，28（1）:85-91.

北京市统计局，国家统计局北京调查总队.2011.北京统计年鉴.北京：中国统计出版社.

曹巨辉.2004.玻璃纤维增强普通硅酸盐水泥耐久性研究.重庆：重庆大学.

陈泮勤，王效科，王礼茂.2008.中国陆地生态系统碳收支与增汇对策.北京：科学出版社.

陈舜.2014.中国农田化肥农药生产的温室气体排放估算.北京：中国科学院生态环境研究中心.

陈先刚，赵晓惠，陆梅，等.2009.四川省退耕还林工程造林碳汇潜力研究.浙江林业科技，29（5）：19-28.

方精云，于贵瑞，任小波，等.2015.中国陆地生态系统固碳效应：中国科学院战略性先导科技专项"应对气候变化的碳收支认证及相关问题"之生态系统固碳任务群研究进展.中国科学院院刊，30（6）：848-857.

富民县天保局.2011.富民县天保工程护林员管理办法.http：//wenku.baidu.com/view/caaac7c62cc58bd63186bdc2.html.［2015-05-07］.

郭然，王效科，逯非，等.2008.中国草地土壤生态系统固碳现状和潜力.生态学报，28（2）：862-867.

郭焱，周旺明，于大炮，等.2015.长江上游天然林资源保护工程区森林植被碳储量研究.长江流域资源与环境，24（Z1）：221-228.

国家发展改革委，国家粮食局，国务院西部开发办，等.2003.退牧还草和禁牧舍饲陈化粮供应监管暂行办法.中国牧业通讯，（8）：16-18.

国家技术监督局.1996.主要造林树种林地化学除草技术规程.北京：中国标准出版社.

国家林业局.2007.低效林改造技术规程.北京：中国标准出版社.

国家林业局调查规划设计院.2009.防护林造林工程投资估算指标.北京：中国林业出版社.

国家林业局昆明勘察设计院.1993.林区公路路面设计规范.昆明：国家林业局昆明勘察设计院.

国家林业局西北林业调查规划设计院.2011.秦岭北麓浅山直观坡面绿化工程周至项目区2012年度绿化工程设计.西安：国家林业局西北林业调查规划设计院.

侯东民.2014.西部生态移民跟踪调查述评.北京：中国环境出版社.

侯立军.2005.西部退耕还林地区粮食供应保障体系的构建.农业经济问题，26（12）：50-53.

京津风沙源治理工程二期规划思路研究项目组.2013.京津风沙源治理工程二期规划思路研究.北京：中国林业出版社.

李国平，张文彬.2014.退耕还林生态补偿契约设计及效率问题研究.资源科学，36（8）：1670-1678.

李建.2009.森林管护员工作手册.北京：中国林业出版社.

李江.2008.中国主要森林群落林下土壤有机碳储量格局及其影响因子研究.雅安：四川农业大学.

李江涛，张金环，冯永光.2005.果树怎样秋施基肥更科学.河北林业，（5）：33.

李梦，施拥军，周国模，等.2013.浙江省嘉兴市高速公路造林碳汇计量.浙江农林大学学报，31（3）：329-335.

李士美，谢高地，张彩霞，等.2010.森林生态系统土壤保持价值的年内动态.生态学报，30（13）：3482-3490.

李树宽，方海滨，刘洪春.2002."AS-350"型直升机在吉林省森林防火中的作用和发展前景.森林防火，（4）：41-42.

李育材.2009.退耕还林工程：中国生态建设的伟大实践.北京：蓝天出版社.

李云开.2013.华北平原粮食作物灌溉消耗地下水及能源的特征.北京：中国科学院生态环境

研究中心.

刘飞, 杨柯, 李括, 等. 2011. 我国四种典型土类有机碳剖面分布特征. 地学前缘, 18 (6): 20-26.

刘广为, 赵涛, 米国芳. 2012. 中国碳排放强度预测与煤炭能源比重检验分析. 资源科学, 34 (4): 677-687.

刘拓, 李忠平. 2010. 京津风沙源治理工程十年建设成效分析. 北京: 中国林业出版社.

刘魏魏, 王效科, 逯非, 等. 2016. 造林再造林、森林采伐、气候变化、CO_2 浓度升高、火灾和虫害对森林固碳能力的影响. 生态学报, 36 (8): 2113-2122.

陆晓宇. 2013. 黄土丘陵区农田保护措施对土壤性质的改良研究. 北京: 北京林业大学.

逯非, 王效科, 韩冰, 等. 2008. 中国农田施用化学氮肥的固碳潜力及其有效性评价. 应用生态学报, 19 (10): 2239-2250.

逯非, 王效科, 韩冰, 等. 2009. 农田土壤固碳措施的温室气体泄漏和净减排潜力. 生态学报, 29 (9): 4993-5006.

吕金芝, 王焕良. 2010. 中国退耕还林工程对粮食产量影响分析与测度. 林业经济, (1): 78-89.

梅煌伟. 2012. 福建省主要温室气体排放核算及特征分析. 福州: 福建师范大学.

宁可, 沈月琴, 朱臻, 等. 2014. 农户杉木经营的固碳能力影响因素及碳供给决策措施. 林业科学, 50 (9): 129-137.

欧光龙, 唐军荣, 王俊峰, 等. 2010. 云南省临沧市膏桐能源林造林碳汇计量. 应用与环境生物学报, 16 (5): 745-749.

欧阳志云, 王桥, 郑华, 等. 2014. 全国生态环境十年变化 (2000—2010 年) 遥感调查评估. 中国科学院院刊, 29 (4): 462-466.

欧阳志云, 王效科, 苗鸿. 1999. 中国陆地生态系统服务功能及其生态经济价值的初步研究. 生态学报, 19 (5): 607-613.

欧阳志云, 张路, 吴炳方, 等. 2015. 基于遥感技术的全国生态系统分类体系. 生态学报, 35 (2): 219-226.

欧阳志云, 郑华, 岳平. 2013. 建立我国生态补偿机制的思路与措施. 生态学报, 33 (3): 686-692.

全国农业技术推广服务中心. 1999. 中国有机肥料养分志. 北京: 中国农业出版社.

饶恩明. 2015. 中国生态系统土壤保持功能变化及其影响因素. 北京: 中国科学院生态环境研究中心.

王巍贺. 2014. 浙江省耕层土壤有机碳密度估算及空间分布研究. 杭州: 浙江大学.

魏亚韬. 2011. 我国造林再造林碳汇项目碳计量方法研究——以八达岭地区为例. 北京: 北京林业大学.

魏亚伟, 于大炮, 王清君, 等. 2013. 东北林区主要森林类型土壤有机碳密度及影响因素. 应用生态学报, 24 (12): 3333-3340.

武曙红，张小全，李俊清 . 2006. CDM 林业碳汇项目的泄漏问题分析 . 林业科学，42 （2）：
　　98-104.

奚小环，杨忠芳，崔玉军，等 . 2010. 东北平原土壤有机碳分布与变化趋势研究 . 地学前缘，
　　17 （3）：213-221.

解宪丽，孙波，周慧珍，等 . 2004. 不同植被下中国土壤有机碳的储量与影响因子 . 土壤学报，
　　41 （5）：687-699.

许泉，芮雯奕，何航，等 . 2006. 不同利用方式下中国农田土壤有机碳密度特征及区域差异 .
　　中国农业科学，39 （12）：2505-2510.

姚平，陈先刚，周永锋，等 . 2014. 西南地区退耕还林工程主要林分 50 年碳汇潜力 . 生态学
　　报，34 （11）：3025-3037.

姚巍 . 2010. 陕西天然林保护工程十年建设现状及发展对策研究 . 杨凌：西北农林科技大学 .

尹晓芬，王晓鸣，王旭，等 . 2012. 林业碳汇项目基准线和监测方法学及应用分析：以贵州省
　　贞丰县林业碳汇项目为例 . 地球与环境，40 （3）：460-465.

于海卿，伊文录 . 1995. 以煤代木 势在必行 . 中国林业，（3）：33-33.

于洋，贾志清，朱雅娟，等 . 2015. 高寒沙地乌柳防护林碳库随林龄的变化 . 生态学报，
　　35 （6）:1752-1760.

余峰，李月祥 . 2012. 宁夏退耕还林工程研究 . 银川：阳光出版社 .

翟明普 . 2011. 现代森林培育理论与技术 . 北京：中国环境科学出版社 .

张方秋，曾令海，李小川，等 . 2014. 广东森林碳汇造林理论与实践 . 北京：中国林业出
　　版社 .

张红文，雷跃平 . 2010. 河南飞播营造林技术 . 郑州：黄河水利出版社 .

张静 . 2015. 最新人工造林规划编制与退耕还林工程建设标准规范实务全书 . 北京：中国林业
　　出版社 .

张彦 . 2010. 陕西省天保工程公益林建设存在问题及对策研究 . 杨凌：西北农林科技大学 .

张志达 . 2006. 天然林资源保护工程管理手册 . 北京：中国林业出版社 .

张治军，张小全，朱建华，等 . 2009. 清洁发展机制（CDM）造林再造林项目碳汇成本研究：
　　以 CDM 广西珠江流域治理再造林项目为例 . 气候变化研究进展，5 （6）：348-356.

赵福生，师庆东，衣怀峰，等 . 2015. 克拉玛依造林减排项目温室气体（GHG）减排量计算 .
　　干旱区研究，32 （2）：382-387.

中华人民共和国国家统计局 . 2011a. 年度数据：农业指标 . http：//data. stats. gov. cn/
　　easyquery. htm? cn = C01&zb = A0D0G&sj = 2014 ［2015-07-29］.

中华人民共和国国家统计局 . 2011b. 年度数据：人民生活指标 . http：//data. stats. gov. cn/
　　easyquery. htm? cn = C01&zb = A0A0A&sj = 2014 ［2016-01-15］.

中华人民共和国国家质量监督检验检疫总局，中国国家标准化管理委员会 . 2004. 封山（沙）
　　育林技术规程 . 北京：中国标准出版社 .

中华人民共和国国家质量监督检验检疫总局，中国国家标准化管理委员会 . 2005. 飞播造林技

术规程. 北京：中国标准出版社.

中华人民共和国国家质量监督检验检疫总局，中国国家标准化管理委员会. 2006. 造林技术规程. 北京：中国标准出版社.

周鸿升. 2014. 退耕还林工程典型技术模式. 北京：中国林业出版社.

左海军，马履一，王梓，等. 2010. 苗木施肥技术及其发展趋势. 世界林业研究，23（3）：39-43.

Berg S, Lindholm E L. 2005. Energy use and environmental impacts of forest operations in Sweden. Journal of Cleaner Production, 13（1）：33-42.

Beyene A D, Bluffstone R, Mekonnen A. 2016. Community forests, carbon sequestration and REDD+: Evidence from Ethiopia. Environment and Development Economics, 21（2）：249-272.

Birdsey R, Pan Y D. 2015. Trends in management of the world's forests and impacts on carbon stocks. Forest Ecology and Management, 355：83-90.

Brown S. 1995. Mitigation Potential of Carbon Dioxide Emissions by Management of Forests in Asia. Soul: Regional Workshop on Greenhouse Gas Emissions Inventory and Mitigation Strategies for Asia and Pacific Countries.

Chen L D, Gong J, Fu B J, et al. 2007. Effect of land use conversion on soil organic carbon sequestration in the loess hilly area, loess plateau of China. Ecological Research, 22：641-648.

Cheng K, Yan M, Nayak D, et al. 2015. Carbon footprint of crop production in China: An analysis of National Statistics data. Journal of Agricultural Science, 153（3）：422-431.

Corbera E, Estrada M, Brown K. 2010. Reducing greenhouse gas emissions from deforestation and forest degradation in developing countries: Revisiting the assumptions. Climatic Change, 100：355-388.

Cui X Y, Wang Y F, Niu H S, et al. 2005. Effect of long-term grazing on soil organic carbon content in semiarid steppes in Inner Mongolia. Ecological Research, 20（5）：519-527.

Dargusch P, Harrison S, Thomas S. 2010. Opportunities for small-scale forestry in carbon markets. Small-scale Forestry, 9：397-408.

De Jong B H J, Esquivel Bazán E, Quechulpa M S. 2007. Application of the "Climafor" baseline to determine leakage: The case of Scolel Té. Mitigation and Adaptation Strategies for Global Change, 12：1153-1168.

Deng L, Liu G B, Shangguan Z P. 2014. Land-use conversion and changing soil carbon stocks in China's 'Grain-for-Green' Program: A synthesis. Global Change Biology, 20（11）：3544-3556.

Deng L, Shangguan Z P. 2013. Carbon storage dynamics through forest restoration from 1999 to 2009 in China: A case study in Shaanxi province. Journal of Food, Agriculture & Environment, 11（2）：1363-1369.

Ekhtesasi M R, Sepehr A. 2009. Investigation of wind erosion process for estimation, prevention, and control of DSS in Yazd-Ardakan plain. Environmental Monitoring and Assessment, 159（1-4）：

267-280.

Gaboury S, Boucher J F, Villeneuve C, et al. 2009. Estimating the net carbon balance of boreal open woodland afforestation: A case-study in Québec's closed-crown boreal forest. Forest Ecology and Management, 257 (2): 483-494.

Gao Y, Zhu X J, Yu G R, et al. 2014. Water use efficiency threshold for terrestrial ecosystem carbon sequestration in China under afforestation. Agricultural and Forest Meteorology, 195-196: 32-37.

González-García S, Bonnesoeur V, Pizzi A, et al. 2013. The influence of forest management systems on the environmental impacts for Douglas-fir production in France. Science of the Total Environment, 461: 681-692.

González-García S, Moreira M T, Dias A C, et al. 2014. Cradle-to-gate life cycle assessment of forest operations in Europe: Environmental and energy profiles. Journal of Cleaner Production, 66: 188-198.

Hu H F, Wang S P, Guo Z D, et al. 2015. The stage-classified matrix models project a significant increase in biomass carbon stocks in China's forests between 2005 and 2050. Scientific Reports, 5: 112031-112037.

Hu Z M, Li S G, Guo Q, et al. 2016. A synthesis of the effect of grazing exclusion on carbon dynamics in grassland in China. Global Change Biology, 22: 1385-1393.

Huang L, Liu J Y, Shao Q Q, et al. 2012. Carbon sequestration by forestation across China: Past, present, and future. Renewable and Sustainable Energy Reviews, 16: 1291-1299.

International Energy Agency. 2012. The People's Republic of China: Indicators for 2000-2010. http://www.iea.org/statistics/statisticsearch/report/? country = CHINA&product = indicators&year2000 [2015-10-12].

IPCC. 2006. 2006 IPCC Guidelines for National Greenhouse Gas Inventories. Tokyo: IPCC.

Johnson L, Lippke B, Oneil E. 2012. Modeling biomass collection and woods processing life-cycle analysis. Forest Products Journal, 62 (4): 258-272.

Jonsson R, Mbongo W, Felton A, et al. 2012. Leakage implications for European timber markets from reducing deforestation in developing countries. Forests, 3: 736-744.

Keith H, Lindenmayer D, Mackey B, et al. 2014. Managing temperate forests for carbon storage: Impacts of logging versus forest protection on carbon stocks. Ecosphere, 5 (6): 75.

Kooch Y, Hosseini S M, Zaccone C, et al. 2012. Soil organic carbon sequestration as affected by afforestation: The Darab Kola forest (north of Iran) case study. Journal of Environmental Monitoring, 14: 2438-2446.

Lasco R D, Pulhin F B, Sales R F. 2007. Analysis of leakage in carbon sequestration projects in forestry: A case study of upper magat watershed, Philippines. Mitigation and Adaptation Stratagies for Global Change, 12: 1189-1211.

Lasco R D, Veridiano R K A, Habito M, et al. 2013. Reducing emissions from deforestation and forest degradation plus （REDD+） in the Philippines: Will it make a difference in financing forest development? Mitigation and Adaptation Strategies for Global Change, 18: 1109-1124.

Leach M, Scoones I. 2013. Carbon forestry in West Africa: The politics of models, measures and verification processes. Global Environmental Change, 23 （5）: 957-967.

Liu W H, Zhu J J, Jia Q Q, et al. 2014. Carbon sequestration effects of shrublands in Three-North Shelterbelt Forest region, China. Chinese Geographical Science, 24 （4）: 444-453.

Liu X P, Zhang W J, Cao J S, et al. 2013. Carbon storages in plantation ecosystems in sand source areas of north Beijing, China. PLoS ONE, 8 （12）: e82208.

Lu F, Wang X K, Han B, et al. 2010. Modeling the greenhouse gas budget of straw returning in China. Annals of the New York Academy of Sciences, 1195: E107-E130.

Ma M H, Haapanen T, Singh R B, et al. 2014. Integrating ecological restoration into CDM forestry projects. Environmental Science & Policy, 38: 143-153.

Mao C, Shen Q P, Shen L Y, et al. 2013. Comparative study of greenhouse gas emissions between off-site prefabrication and conventional construction methods: Two case studies of residential projects. Energy and Buildings, 66: 165-176.

Martello R, Dargusch P, Medrilizam A. 2010. A systems analysis of factors affecting leakage in reduced emissions from deforestation and degradation projects in tropical forests in developing nations. Small-scale Forestry, 9: 501-516.

May B, England J R, Raison R J, et al. 2012. Cradle-to-gate inventory of wood production from Australian softwood plantations and native hardwood forests: Embodied energy, water use and other inputs. Forest Ecology and Management, 264: 37-50.

McKinley D C, Ryan M G, Birdsey R A, et al. 2011. A synthesis of current knowledge on forests and carbon storage in the United States. Ecological Applications, 21 （6）: 1902-1924.

Murray B C, McCarl B A, Lee H C. 2004. Estimating leakage from forest carbon sequestration programs. Land Economics, 80: 109-124.

Neupane B, Halog A, Dhungel S. 2011. Attributional life cycle assessment of woodchips for bioethanol production. Journal of Cleaner Production, 19 （6-7）: 733-741.

Nilsson S, Schopfhauser W. 1995. The carbon sequestration potential of a global afforestation program. Climatic Change, 30: 267-293.

Pellegrini A F A, Hoffmann W A, Franco A C. 2014. Carbon accumulation and nitrogen pool recovery during transitions from savanna to forest in central Brazil. Ecology, 95 （2）: 342-352.

Pyorala P, Kellomaki S, Peltola H. 2012. Effects of management on biomass production in Norway spruce stands and carbon balance of bioenergy use. Forest Ecology and Management, 275: 87-97.

Ravindranath N H, Murthy I K, Sudha P, et al. 2007. Methodological issues in forestry mitigation projects: A case study of Kolar district. Mitigation and Adaptation Strategies for Global Change, 12: 1077-1098.

Sasmal J. 2015. Food price inflation in India: The growing economy with sluggish agriculture. Journal of Economics, Finance and Administrative Science, 20 (38): 30-40.

Sathaye J A, Andrasko K. 2007. Special issue on estimation of baselines and leakage in carbon mitigation forestry projects. Mitigation and Adaptation Strategies for Global Change, 12 (6): 963-970.

Schmid S, Thuerig E, Kaufmann E, et al. 2006. Effect of forest management on future carbon pools and fluxes: A model comparison. Forest Ecology and Management, 237: 65-82.

Schwarze R, Niles J O, Olander J. 2002. Understanding and managing leakage in forest- based greenhouse- gas- mitigation projects. Philosophical Transactions of the Royal Society A Mathematical Physical and Engineering Sciences, 360 (1797): 1685-1703.

Shen H T, Zhang W J, Yang X, et al. 2014. Carbon storage capacity of different plantation types under Sandstorm Source Control Program in Hebei Province, China. Chinese Geographical Science, 24 (4): 454-460.

Sivrikaya F, Keles S, Cakir G. 2007. Spatial distribution and temporal change of carbon storage in timber biomass of two different forest management units. Environmental Monitoring and Assessment, 132: 429-438.

Smith L J, Torn M S. 2013. Ecological limits to terrestrial biological carbon dioxide removal. Climatic Change, 118 (1): 89-103.

Sohngen B, Brown S. 2004. Measuring leakage from carbon projects in open economies: A stop timber harvesting project in Bolivia as a case study. Canadian Journal of Forest Research, 34: 829-839.

Sohngen B, Mendelsohn R. 2003. An optimal control model of forest carbon sequestration. American Journal of Agricultural Economics, 85 (2): 448-457.

Sonnemann G W, Schuhmacher M, Castells F. 2003. Uncertainty assessment by a Monte Carlo simulation in a life cycle inventory of electricity produced by a waste incinerator. Journal of Cleaner Production, 11: 279-292.

Sun B, Sohngen B. 2009. Set- asides for carbon sequestration: implications for permanence and leakage. Climatic Change, 96: 409-419.

Thangata P H, Hildebrand P E. 2012. Carbon stock and sequestration potential of agroforestry systems in smallholder agroecosystems of sub-Saharan Africa: Mechanisms for 'reducing emissions from Deforestation and forest degradation' (REDD+). Agriculture, Ecosystems & Environment, 158: 172-183.

Tian Y H, Zhu Q H, Geng Y. 2013. An analysis of energy- related greenhouse gas emissions in the Chinese iron and steel industry. Energy Policy, 56: 352-361.

Timmermann V, Dibdiakova J. 2014. Greenhouse gas emissions from forestry in East Norway. The International Journal of Life Cycle Assessment, 19 (9): 1593-1606.

Wang X B, Oenema O, Hoogmoed W B, et al. 2006. Dust storm erosion and its impact on soil carbon and nitrogen losses in northern China. Catena, 66（3）：221-227.

Wang Y L, Zhu Q H, Geng Y. 2013. Trajectory and driving factors for GHG emissions in the Chinese cement industry. Journal of Cleaner Production, 53：252-260.

White M K, Gower S T, Ahl D E. 2005. Life cycle inventories of roundwood production in northern Wisconsin: Inputs into an industrial forest carbon budget. Forest Ecology and Management, 219（1）:13-28.

Zeng X H, Zhang W J, Cao J S, et al. 2014. Changes in soil organic carbon, nitrogen, phosphorus, and bulk density after afforestation of the "Beijing-Tianjin Sandstorm Source Control" program in China. Catena, 118：186-194.

Zheng D L, Heath L S, Ducey M J. 2013. Carbon benefits from protected areas in the conterminous United States. Carbon Balance and Mangement, 8：4.

Zhou W M, Lewis B J, Wu S N, et al. 2014. Biomass carbon storage and its sequestration potetential of afforestation under Natural Forest Protection program in China. Chinese Geographical Science, 24（4）:406-413.

第6章 重大生态工程固碳效益研究

6.1 重大生态工程固碳效益研究进展

6.1.1 我国重大生态工程生态效益评价研究进展

虽然我国对重大生态工程生态效益评价的研究起步较晚，但发展迅速。自20世纪70年代开始，我国的一些科研和教学单位相继开展了重大生态工程的定位监测、计量和生态效益评价研究，中国林学会组织了"森林效益的计量评价研究"，为推动我国开展森林综合效益评价研究提供了一个较为系统的开端（徐孝庆，1992）。进入90年代，程根伟和钟祥杰（1992）提出了防护林生态效益定量指标体系。朱金兆（1991）、孙立达和朱金兆（1995）提出了水土保持生态效益评价指标体系。史立新等（1997，1999）研究了长江防护林（四川省段）的初期水土保持效益。雷效章等（1996，1999）对中国林业生态工程效益评价指标体系进行了初步研究。宫伟光（1997）对防护林体系区域性生态效益进行了定量评价。

从21世纪开始，随着我国对以往实施的重大生态工程进行系统整合，以六大生态恢复和建设重点工程为对象的生态效益评价逐渐成为研究的热点。天保工程生态效益巨大，其生态效益评价方面的研究也较多。李怒云和洪家宜（2000）以贵州省部分地区实施的天保工程为研究对象，进行了社会经济、林业行业发展、生态环境建设和产业结构调整等方面的综合影响评价，对天保工程的综合效益评价做了有益的探索。庞恒才等（2001）对黑龙江省天然林资源保护工程生态效益进行评价，结果表明：新增造林面积46.6万 hm^2，天然林拦蓄水量年平均为5.6亿 m^3，平均每公顷森林每年保土60t，减少土壤流失2796t，每公顷森林每天可释放 O_2 49 kg，吸收 CO_2 67 kg。段绍光等（2002）运用森林生态环境效益评价的方法，对河南省天保工程实施区域的综合效益进行评价，并对实施天保工程所增加森林的生态效益进行评价，得出结论：林地面积15.75万 hm^2，可增加森林土壤储水量 763.23 万 t，土壤每年涵养水源效益增加值 328.19 万元，固土效益 435.79 万元，保肥效益 16 802.76 万元。裴卫国等（2008）以栾川县为例，研究了天保工程实施 7 年来的生态效益，结果表明：天然林的林木总蓄积与每公顷蓄积分别增长了 367.97 万 m³ 和 15.95 m³，森林覆盖率提高了 6.6%。

退耕还林（草）工程的生态效益评价研究主要集中在省级和县级工程区的生态效益评价，而针对退耕还林（草）工程整体的生态效益评价研究较少。杨旭东（2005）以湖北省秭归县中坝村为研究区进行退耕还林（草）工程生态效益评价，结果显示：该地区年均土壤保持量为 2152.998t，土壤保持的价值为 2241.9 万元，释放 $O_2$368.16t，吸收 $CO_2$434.89t。周红等（2005）对贵州省退耕还林（草）工程的 10 个生态效益监测网络县的观测数据进行了分析，结果显示：实施退耕还林（草）工程后，监测区各项生态指标均得到明显改善，退耕还林后 2 年内土壤侵蚀模数和流失量减少 78%，监测区植被覆盖率由 12.4% 增加到 38.7%，平均综合生态效益指数由 0.18 上升到 0.53。米文宝等（2008）利用主成分分析法，计算了 5 年来宁南山区退耕还林（草）工程的生态效益，结果显示宁南山区退耕还林（草）工程 2004 年发挥的效益是 2000 年的近 2.2 倍，生态效益的逐年递增从时间序列上呈积累式增加趋势。

京津风沙源治理工程自实施以来，生态效益显著，但目前的研究多以县级行政单元或典型地理单元为对象，研究的内容也较为零散，难成体系。郭磊等（2006）对正蓝旗京津风沙源治理工程的综合效益进行了评估分析，结果表明：通过工程的实施，该地区的生态环境明显改善，植被覆盖率逐年稳步增长，沙化土地治理直接经济效益为 47 368.49 万元，固碳释氧的效益为 7696.1 万元，水源涵养的效益为 1329.78 万元，固土保肥的效益为 17 951.69 万元。在整个研究期间，植被覆盖率增长了 12%，其中森林覆盖率增加了 4%。刘拓和李忠平（2010）从区域生态环境、社会经济和生态文明等三个方面对京津风沙源治理工程 10 年的建设成效进行了分析，结果表明，2000～2009 年，工程累计完成营造林 757.32 万 hm²，工程区森林覆盖率从 2000 年的 12.4% 上升到 2009 年的 18.2%，草地治理 388.7 万 hm²，小流域综合治理 111.5 万 hm²。高尚玉等（2012）针对植被覆盖、土壤风蚀、土壤水蚀、地表释尘和社会经济影响等几个核心问题，较为综合和系统地研究了京津风沙治理工程对区域生态环境和社会经济产生的影响。

综上所述，由于重大生态工程的复杂性和长期性，许多评估指标目前还难以准确定量化，对其综合的生态环境效益评价也没有一个比较理想和公认的方法，因此目前大部分的生态效益评价和预测主要为某些个别指标的评估及针对某些生态系统服务功能的价值评估。

6.1.2 我国重大生态工程固碳效益研究进展

在适度控制工业减排的基础上，增加陆地生态系统碳汇、减少陆地碳排放是我国应对全球气候变化的必然战略选择。自 20 世纪 70 年代以来我国先后启动了一批重大生态恢复和建设工程，不仅显著改善了我国的生态环境，而且也具有重要的固碳作用。然而，由于我国生态恢复和建设工程的规划和实施目标主要是以保护和改善自然资源和生态环境、保护生物多样性、水土保持、防风固沙，以及退化生态系统的恢复与重建为主，而对其固碳效益的研究较少，并且现有的研究主要为一些县域或区域尺度的研究，而以整个重大生态工程为研究对象，充分考虑植被和土壤的综合固碳效益的研究十分缺乏。

胡会峰和刘国华（2006）以天保工程为例，利用我国第 4 次森林资源清查资料和林业统计年鉴，根据估算森林碳储量的材积源-生物量方法对工程实施 5 年来（1998~2002 年）的固碳能力进行了初步研究，结果表明：天保工程实施 5 年期间，累计造林 $302.6 \times 10^4 \text{hm}^2$，累计固碳 44.07Tg，年均固碳 8.81Tg，相当于我国每年 CO_2 排放量的 1.2%。张林等（2009）基于"八五"期间长江中上游流域各省的森林资源调查资料，结合材积源生物量法估算了长江中上游防护林体系生物量碳密度和碳储量，并根据不同树种生物量和生产力回归关系推算了该地区当前的固碳潜力。朱震锋和曹玉昆（2012）运用森林碳密度法对 2007 年天保工程范围内的黑龙江省国有森工林区的森林总碳储量进行了测算，结果表明：2007年森工林区的森林总碳储量为 2253Tg，天保工程的森林总碳储量大约为11.142Gt。魏亚伟等（2014）以东北天保工程区森林生态系统为研究对象，通过对其主要森林类型进行调查，探讨天保经营区划对森林植被固碳现状的影响，建立了东北林区主要树种组的生物量-蓄积量回归模型，然后以第 7 次森林资源清查为基础，对东北天保工程区森林植被碳储量进行估算，结果表明：东北天保工程区森林植被碳储量为 1045Tg，占东北三省和内蒙古自治区东北部分森林植被总碳储量的 68%。Wei 等（2014）利用森林清查资料，结合野外调查数据，系统估算了东北地区天保工程的生态系统碳储量，结果表明：工程区内土壤的碳储量最多，达到整个生态系统碳储量的 69.5%~77.8%。Zhou 等（2014）利用第 7 次森林资源清查资料计算了天保工程 1998~2010 年的植被碳储量，并估算了天保工程二期（2011~2020 年）的固碳潜力。郭焱等（2015）利用 1988~2008 年 5 期的全国森林资源清查数据及长江上游地区天保工程实施方案等资料，基于生物量换算因子连续函数法，分析了长江上游天保工程一期（2000～2010 年）森林植被碳储量、天保工程实施前后 10 年内长江上游 6 个省（直辖市）的森林植被碳储量变化以及长江上游天保工程区二期森林植被固碳潜力，结果表明：长江上游天保工程区一期森林植被碳储量为 1367.47Tg，其中天然林碳储量为 1195.24Tg、人工林碳储量为 172.23Tg。

"三北"防护林体系建设工程实施 30 多年来取得了巨大的成就，但长期以来，其工程建设资金不足也一直困扰着工程的发展。林业碳汇的蓬勃兴起，给三北工程的发展带着了新的机遇。许文强（2006）运用换算因子连续函数法对黑龙江省三北工程人工林的森林碳汇价值进行了评价，结果显示：工程一期（1978～1985 年）的人工林碳汇价值为 3.34 亿元，工程二期（1986～1995 年）的人工林碳汇价值为 5.22 亿元，工程三期（1996～2000 年）的人工林碳汇价值为 3.93亿元。支玲等（2008）以整个三北工程的人工林为例，同样运用换算因子连续函数法对其碳汇价值进行了估算。农田带状防护林体系是三北工程的重要组成部分。李海玲（2010）以三种典型农田防护林模式为研究对象，对试验样地内杨树和农田碳储量以及整个农林复合生态系统的碳收支进行了详细的取样计算。李庆云等（2010）对 4 个林龄阶段的农林复合生态系统碳储量进行对比研究，结果表明农林复合生态系统具有很强的固碳能力和潜力。张林和王礼茂（2010）基于1989～1993 年、1994～1998 年和 1999～2003 年三期全国森林资源清查资料，结合区域经验的材积源生物量模型估算了三北工程区 3 个时期天然林和人工林的生物量碳密度和碳储量，分析了不同林种的碳储量动态，结果表明，三北工程区 3个时期碳密度分别为 35.21t/hm^2、36.01t/hm^2 和 41.56t/hm^2，碳储量分别为458.1Tg、519.96Tg 和 1268.84Tg，分别占全国森林碳储量的 9.89%、10.95%和 24.23%。

退耕还林（草）工程自实施以来，工程区植被覆盖度显著增加，促进了生态环境的恢复。Feng 等（2013）的研究表明，黄土高原地区的净初级生产力（NPP）和净生态系统生产力（NEP）持续稳定增加，该地区已经由 2000 年的碳源变成了 2008 年的碳汇。杨艺渊和高亚琪（2011）采用生物量法，以实地调查数据为基础，分析探讨了新疆维吾尔自治区塔城地区实施退耕还林（草）工程以来生态林所获得的固碳效益，确定了由生物量转换为碳储量的转换系数，并估算了新疆维吾尔自治区退耕还林的固碳效益。陈先刚等（2008）收集了云南省2000～2006 年各类退耕还林面积和树种数据，并根据云南省森林清查中的人工林生长估算不同情景下的林木生物质碳储量及其变化，最后得出退耕地造林林木生物质碳储量占云南省退耕还林（草）工程林木生物质碳储量 33% ~ 41% 的结论。焦树林和艾其帅（2011）通过对 2000 ~ 2006 年红枫湖流域内退耕还林（草）工程实施情况的调查，对林区内主要的 7 种林木的碳净储量进行初步估算，通过对森林各树种蓄积量的预测，并根据模型估算未来 10 年该流域的森林碳储量。刘迎春等（2011）以黄土丘陵区两种主要造林树种——油松和刺槐为研究对象，测定森林乔木、灌木和草本生物量及凋落物碳储量，并分析造林对生态系统碳储量和固碳潜力的影响，结果表明，造林后的油松林和刺槐林生态系统的植被、凋落物及土壤碳储量逐渐增加。许明祥等（2012）研究了黄土丘陵区土壤有机碳固存对退耕还林（草）的时空响应特征，分析了退耕还林（草）对土壤有机碳的近期影响和长期效益，结果表明，相对于坡耕地，退耕还林和退耕撂荒具有显著的土壤碳增汇效益，而退耕还草和退耕还果没有明显的土壤碳增汇效益，并且退耕还林（草）的近期土壤碳增汇效益不明显，但 10 年后的土壤碳增汇效益逐渐显著。姚平等（2014）调查收集了西南地区 2011 年以前退耕还林（草）工程主要造林树种及其造林面积等相关数据资料，利用国家森林资源清查资料中人工林历史数据建立生长模型，预测了该地区退耕还林（草）工程 7 种主要林分碳储量和年碳储量的未来变化，评估了西南地区退耕还林（草）工程林分未来50 年的固碳潜力。Deng 等（2014）通过对收集到的与我国退耕还林（草）工程相关的 135 篇已发表的文献数据进行分析得出：①从长期来看，退耕还林（草）工程显著增加了土壤碳储量；②0 ~ 20 cm 土壤固碳速率高于 20 ~ 100 cm 土壤；③退耕年限是影响土壤碳储量变化的主要因子之一，且退耕前土壤碳储量越高，退耕后土壤固碳速率越低。刘金山等（2015）利用全国森林资源连续清查的人工林统计数据，建立了不同树种人工林生物量密度-林龄模型，并根据全国退耕还林（草）工程退耕地还林阶段验收有关结果数据，分析估算了全国退耕还林工程（草）植被固碳量及碳汇价值。

原国家林业局（2015）发布的退耕还林（草）工程生态效益监测国家报告显示，13 个长江、黄河中上游流经省份退耕还林（草）工程营造林固碳总量达3448.54 万 t/a，相当于 2013 年全国标准煤消费量所释放碳总量的 1.37%。长江、黄河流域中上游退耕还林（草）工程每年累计固碳量为 2936.7 万 t，可抵消北京市 59.52% 能源消耗完成转化排放的 CO_2 量。大量研究表明，森林植被固碳能力主要受到树种、林种和林龄等因素的影响（Yang et al., 2011；Wang et al., 2013，2014）。首先，树种决定了土壤中碳储量的变化率，其中针叶林大于阔叶林，而落叶阔叶林大于常绿林。其次，退耕还林（草）工程营造林的林种类型会显著影响土壤有机碳的积累，表层土壤有机碳在造林后增加了 68.6%，显著高于灌木 43.7% 和果园 30.6%（Song et al., 2014）。Deng 等（2014）的研究也表明退耕还林（草）工程对土壤碳储量有积极的影响，与耕地转化为灌丛或草地相比，耕地转化为林地的固碳效益虽然增加较为缓慢，但其固碳能力更加持久。再次，林龄也会影响退耕还林后土壤碳储量的变化，随着恢复时间的持续，林木不断生长，土壤固碳能力明显增加（Deng et al., 2014）。Chen 等（2009）通过对云南省退耕还林（草）工程碳库的评估预测表明，在占云南省土地面积 2.45% 的退耕还林林地，相对于 6.24% 的全省森林面积，其林地碳库在 2050 年将达到 20 世纪 90 年代云南省全省森林植被碳库的 10.82%～12.27%。由此可见，我国退耕还林（草）工程的固碳效益和潜力都十分显著，这将为增强我国的固碳减排能力做出巨大贡献。

与天保工程、三北工程和退耕还林（草）工程相比，针对京津风沙源治理工程和退牧还草工程的固碳增汇效益的研究相对较少。根据国家林业局（2014）发布的国家林业重点工程社会经济效益监测报告，京津风沙源治理工程经过十多年的建设，工程区植被明显增加，森林覆盖率上升了 12.13%，工程固碳增汇效益显著。张良侠等（2014）以内蒙古自治区锡林郭勒盟京津风沙源治理工程区为例，采用 IPCC 推荐的碳收支清单法，分析了 2000～2006 年京津风沙源治理工程对草地土壤有机碳库的影响，并对 3 种管理措施（人工种草、飞播牧草和围栏封育）下草地土壤达到最大有机碳密度的时间进行了估算。结果表明，京津风沙源治理工程对草地土壤固碳具有极大的促进作用，工程区整体表现为碳汇，碳汇量为 59.26 万 t。Zeng 等（2014）通过开展一系列对比试验，评估了京津风沙源治理工程中不同恢复措施和环境条件对土壤有机碳固持的影响，结果表明，恢复措施的实施不仅有利于表层土有机碳的累积，而且对深层土的碳储量也有一定的促进作用，并且气候条件和植被类型对固碳速率的影响显著。Shen 等（2014）评估了河北省京津风沙源治理工程中不同恢复措施的固碳能力，并建议将树种等因素考虑到工程恢复措施的固碳效益评价体系中。Liu 等（2014）在呼伦贝尔草原通过对比不同草地管理措施（围封、刈割和放牧）对生态系统固碳的影响，分析了退牧还草工程的固碳效益。Wu 等（2014）通过建立对比样地，分析了退牧还草工程中围封禁牧措施对植被-土壤体系中各组分碳、氮储量的影响，结果表明，多年的围封禁牧可以显著提高草地生态系统的碳氮储量，但其增量绝大部分来源于土壤中碳、氮储量的增加。Xiong 等（2014）评估了围封禁牧措施对藏北高山草甸的植物生产力、物种多样性和土壤碳氮储量等因素的影响，结果表明，围封禁牧是提升藏北高山草甸土壤固碳能力的有效措施。

综上所述，虽然目前针对我国重大生态恢复和建设工程固碳效益等方面已经开展了一些研究，但大多数研究集中在近 10 年期间，缺乏长期的系统观测和评估。另外，现有的研究主要在单个站点或区域尺度上开展，而以某个生态恢复和建设工程为整体，系统地评估其综合固碳效益的研究十分缺乏。因此，在未来的生态恢复和建设工程固碳效益研究中，应加强针对重大生态工程中实施的不同恢复措施开展多途径、多尺度的综合评价和定量研究。

6.2 我国主要重大生态工程的固碳效益

为了准确估算我国主要重大生态恢复和建设工程的固碳速率，阐明这些工程的固碳速率和固碳量在我国不同区域的空间异质性，并综合评估其固碳效益，2011 年中国科学院启动了战略性先导科技专项"应对气候变化的碳收支认证及相关问题"，其中专门设置了国家重大生态工程固碳量评价项目。其主要是针对我国 6 个重大生态恢复和建设工程［天然林资源保护工程、退耕还林（草）工程、"三北"防护林体系建设工程、长江、珠江流域防护林体系建设工程、京津风沙源治理工程和退牧还草工程］，通过野外实地调查、历史资料清查、工程统计和遥感监测等多源数据资料的获取与应用，采用模型分析、地面调查与遥感监测相结合等多种研究手段，揭示各项工程的固碳速率和固碳量及其时空分布格局，以期为提升我国生态恢复和建设工程的固碳能力提供重要的基础数据和科技支撑，也为我国应对气候变化的外交谈判提供科学依据。

6.2.1 重大生态工程实施面积

根据原国家林业局和原农业部等相关部门的统计资料与年鉴数据，通过多源遥感影像交互校正，并结合大量的野外样地验证工作，基本确定了 2000～2010 年天然林资源保护工程、退牧还草工程、"三北"防护林体系建设工程、京津风沙源治理工程、退耕还林（草）工程和长江、珠江防护林体系建设工程的实施面积分别为 72.9 万 km²、59.95 万 km²、5.23 万 km²、3.31 万 km²、9.2 万 km² 和 3.64 万 km²（表 6-1）。其总实施面积为 154.23 万 km²，约占全国陆地面积的 16.1%。

表6-1 我国重大生态工程固碳基线值和2010年工程碳密度及工程实施面积

重大生态工程	工程固碳基线/(Mg C/hm²)（均值±标准差）			2010年工程碳密度/(Mg C/hm²)（均值±标准差）			工程实施面积/万km²
	植被	土壤	总计	植被	土壤	总计	
天然林资源保护	52.9±19.3	144.8±42.7	197.8±46.9	50.3±17.4	150.5±25.8	200.7±31.1	72.90
退牧还草	2.7±1.1	82.5±50.2	85.2±50.2	3.7±1.6	83.5±50.5	87.2±50.5	59.95
"三北"防护林体系建设四期	52.3±13.8	45.9±19.9	98.2±24.2	56.6±15.6	47.4±23.0	104.0±27.8	5.23
京津风沙源治理	3.1	35.9±7.3	39.0±7.3	16.2±4.5	38.7±10.4	54.8±11.3	3.31
退耕还林（草）	0	44.0±29.3	44.0±29.3	19.7±5.9	53.7±26.3	73.4±27.0	9.20
长江、珠江流域防护林体系建设二期	0	64.7±16.2	64.7±16.2	26.4±8.4	68.7±26.3	95.1±27.6	3.64

6.2.2　重大生态工程固碳基线值

基于文献调研、森林清查资料和土壤普查资料，明确了开展6个重大生态恢复和建设工程前，工程规划区的初始植被和土壤碳密度的空间格局（表6-1），作为各重大生态工程固碳的基线值，以估算6个工程在21世纪初10年间的固碳量。同时，根据重大生态工程的主要内容及步骤，在工程涉及省份的非工程区，选择农田、灌丛和裸地等作为评价21世纪初10年间重大生态恢复和建设工程固碳贡献的对照。

由表6-1可知，天然林资源保护工程、退牧还草工程、"三北"防护林体系建设工程和京津风沙源治理工程的生态系统固碳基线值分别为（197.8±46.9）Mg C/hm²、（85.2±50.2）Mg C/hm²、（98.2±24.2）Mg C/hm²和（39.0±7.3）Mg C/hm²，其中，植被固碳基线值分别为（52.9±19.3）Mg C/hm²、（2.7±1.1）Mg C/hm²、（52.3±13.8）Mg C/hm²和3.1Mg C/hm²，土壤固碳基线值分别为（144.8±42.7）Mg C/hm²、（82.5±50.2）Mg C/hm²、（45.9±19.9）Mg C/hm²和（35.9±7.3）Mg C/hm²。由于退耕还林（草）工程和长江、珠江流域防护林体系建设工程实施之前的土地利用类型主要是以农田或裸地为主，地表植被较少，其植被的固碳基线值可忽略不计。因此，这两个生态恢复和建设工程的固碳基线值主要为土壤的固碳基线值，分别为（44.0±29.3）Mg C/hm²和（64.7±16.2）Mg C/hm²。

6.2.3 重大生态工程固碳效益

结合中国科学院战略性先导科技专项生态系统固碳项目群于 2011～2013 年开展的实地调查所获的数据，科学估算了 2010 年各重大生态工程区的碳密度分布（表 6-1）。从中可以看出，2000～2010 年，6 个重大生态恢复和建设工程的生态系统碳密度都呈现不同程度增长，其固碳效果明显。在 2010 年，天然林资源保护工程、退牧还草工程、"三北"防护林体系建设工程、京津风沙源治理工程、退耕还林（草）工程和长江、珠江流域防护林体系建设工程的生态系统碳密度分别为（200.7±31.1）Mg C/hm^2、（87.2±50.5）Mg C/hm^2、（104.0±27.8）Mg C/hm^2、（54.8+11.3）Mg C/hm^2、（73.4±27.0）Mg C/hm^2 和（95.1±27.6）Mg C/hm^2，其中，天然林资源保护工程和"三北"防护林体系建设工程的碳密度较高。

在此基础上，估算得到 21 世纪前 10 年内 [其中天然林资源保护工程期为 1998～2010 年共 13 年，退耕还林（草）工程期为 2000～2010 年共 11 年，退牧还草工程期为 2003～2010 年共 8 年]，在我国 6 个重大生态恢复和建设工程内生态系统碳储量增加了 1.477 Pg（表 6-2），年均碳汇强度为 127.8Tg C。6 个重大生态恢复和建设工程区在我国 16.1% 的土地上形成的碳汇量约占我国当前陆地生态系统碳汇的 50%（Piao et al., 2009）。总体而言，6 个重大生态恢复和建设工程区内平均固碳速率达到 0.83Mg C/（hm^2·a），其中长江、珠江流域防护林体系建设工程、退耕还林（草）工程和京津风沙源治理工程区的平均固碳速率超过了 1Mg C/（hm^2·a）（方精云等，2015）。重大生态恢复和建设工程的实施对固碳的贡献为 1.034 Pg（表 6-2），达到同期工程区内固碳的 70%，说明工程措施的实施是我国重大生态恢复和建设工程区碳汇形成的首要因素，对我国发展林业碳汇和实现温室气体减排目标起到了关键作用。

表 6-2 重大生态工程区内碳储量增量和工程对固碳的贡献

重大生态工程	工程区内碳库储量增量/Tg			工程对区域生态系统固碳的贡献/Tg
	植被	土壤	总计	
天然林资源保护	479.6	409.5	889.1	170.2
退牧还草	63.8	59.9	123.7	117.8
"三北"防护林体系建设四期	22.4	8.1	30.5	340.7

续表

重大生态工程	工程区内碳库储量增量/Tg			工程对区域生态系统固碳的贡献/Tg
	植被	土壤	总计	
京津风沙源治理	43.1	9.2	52.3	69.7
退耕还林（草）	181.1	89.7	270.8	198.5
长江、珠江防护林体系建设二期	96.1	14.6	110.7	136.9
总计			1477	1034

我国重大生态工程开展和碳汇形成的重点地区为华北地区、东北地区、西北地区和西南地区，其重大生态功能区内碳汇总和达到了全国的92.7%，而重大生态工程实施对生态系统固碳和吸收大气 CO_2 的贡献也主要体现在这一区域（图6-1）。我国华东和华南地区重大生态功能区固碳量较少，这是因为本研究的6个重大生态工程中只有长江、珠江防护林体系建设、退耕还林（草）和天然林资源保护工程在这两个区域有较少面积的分布。

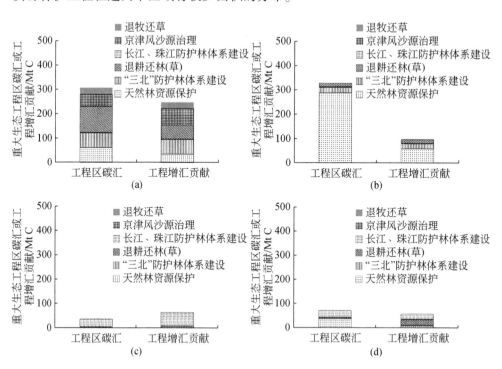

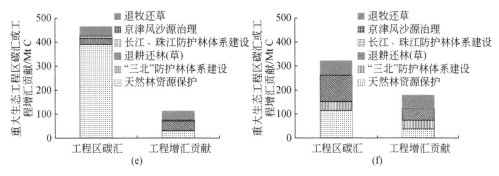

图 6-1 我国重大生态工程碳储量增量和工程固碳贡献分布

（a）华北地区；（b）东北地区；（c）华东地区；（d）华中华南地区；（e）西南地区；（f）西北地区

在华北、华东和华南地区，重大生态工程实施对固碳减排的贡献高于工程区内碳的积累，意味着在这些地区，如果没有重大生态工程措施的实施，将有很大的碳库损失风险或形成生态系统碳源的可能性，这一现象可能与该地区长期受到农耕文明的影响，人口稠密，对生态系统干扰强烈有关。而在西北、东北和西南地区，工程区内生态系统碳积累增量高于重大生态工程实施对固碳减排的贡献，即该地区即使不开展重大生态工程，仍然可能成为生态系统碳汇；然而，该地区重大生态工程实施对固碳减排的贡献（561Tg C）达到碳积累增量（1108Tg C）的 50% 以上，说明如果没有实施重大生态恢复和建设工程，该区域碳汇将会削减一半。因此，本研究的结果凸显了我国重大生态工程措施在区域生态系统固碳增汇方面的重要作用。

6.3 重大生态工程增汇管理的展望与思考

自 1997 年签署《京都议定书》以来，陆地生态系统的固碳效益已得到国际社会的广泛认可，并先后开展了一系列以造林和再造林为主的碳汇项目。已有的大量研究表明，推广陆地生态系统的固碳增汇措施，不仅能减缓大氧中的 CO_2 浓度的升高，而且具有保护生态环境等作用。然而，陆地生态系统的固碳也具有饱和性、易泄漏性和非持久性等不足。例如，在一定的气候和环境条件下，如果土地利用方式不发生变化，土壤的碳储量将逐渐达到一个饱和状态；而固定在生态系统中的碳也会由于气候变化、森林采伐、火灾、土地利用改变等自然和人为因素的扰动而重新释放回大气中，从而导致生态系统固碳功能不太稳定。另外，一些碳汇项目在实施过程中，由于没有充分考虑资源限制、技术和经济可行性，以及区域内各种生态系统管理在增汇效益方面的相互影响等因素，反而会引起生态系统服务功能的退化，从而影响生态系统的健康发展。因此，由于陆地生态系统和社会经济的多样性及复杂性，陆地生态系统固碳增汇措施的推广需要考虑一系列科学的、社会文化和经济发展的问题，如生态系统固碳原理、潜力、可行性和成本效益分析等。虽然自 20 世纪 70 年代以来我国先后启动了一批重大生态恢复和建设工程，但系统涉及其综合固碳增汇效益的研究仍处于起步阶段，并且现有的研究仍存在很大的不确定性。因此，为了在我国现有重大生态恢复和建设工程的固碳现状及区域固碳规律的基础上，进一步提升其固碳效益，重点可在以下几个方面开展深入的研究和探索。

6.3.1 构建我国重大生态恢复和建设工程生态系统碳收支的观测网络

虽然我国已经开展了一系列针对重大生态恢复和建设工程的固碳效益研究，但由于我国的重大生态恢复和建设工程涉及面积很大，生态系统类型较多，而现有的研究存在着观测样点密度低、空间代表性和类型代表性不足、观测项目不一致、数据共享机制不健全等问题，尤其是不同部门的观测研究平台之间的空间布局、观测系统设计、技术标准也不尽相同，使得现有观测和实验的结果可比性不强。另外，我国还存在着地面观测数据与遥感观测数据的整合度不高，气象、植被和土壤观测数据的时空尺度不匹配，各种估算方法的数据需求与实际观测数据的精度不同，数据融合、再分析和空间化等基础工作不扎实等问题（于贵瑞等，2011），使得现有的观测数据还难以准确地评估我国各重大生态恢复和建设工程的综合固碳效益。因此，我国急需建立针对重大生态恢复和建设工程生态系统碳收支研究的长期固定样地或台站，并构建相应的观测网络，在此基础上采用统一的标准和方法，对重大生态恢复和建设工程中涉及的各类生态系统碳储量与固碳速率等进行大规模的综合调查，从而为我国重大生态恢复和建设工程碳循环与碳收支计量提供有力的数据支撑。

6.3.2 建立我国重大生态恢复和建设工程固碳计量、认证和决策分析平台

关于陆地生态系统固碳功能的计量和认证方法，国内外学者们已经开展了一系列的研究工作（Houghton，1999；IPCC，2007；于贵瑞，2003；陈泮勤等，

2008），并提出了在国家尺度上的温室气体排放清单的计量方法、清洁发展机制项目的固碳计量方法、土地利用变化引起的固碳变化计量方法等。然而，固碳计量方法的时空尺度，计量的对象，是否考虑碳泄漏环节，如何才能符合可测量、可报告、可核实的"三可"原则等问题仍存在着较大的差异（于贵瑞等，2013）。虽然我国在涉及重大生态恢复和建设工程的固碳计量与认证方面也开展了一些相关的研究工作（陈健等，2008；张颖等，2010；任伟等，2011），但还没有针对我国重大生态恢复和建设工程碳汇形成特点与影响因素提出的相应固碳计量方法与认证体系。因此，急需在对国内外不同生态恢复和建设工程固碳计量与认证方法的收集、调研和归纳基础上，通过对不同方法进行比较研究，并结合我国重大生态恢复和建设工程碳汇形成的特点与机制，建立适合我国重大生态恢复和建设工程的固碳计量、认证与决策分析平台，从而为我国重大生态恢复和建设工程碳收支的监测、核算与决策报告提供方法学基础。

6.3.3 因地制宜地开展我国重大生态恢复和建设工程固碳增汇措施

在我国，陆地生态系统固碳增汇已经被作为实现国家可持续发展的战略和应对全球气候变化的重要举措之一。虽然实施各项重大生态恢复和建设工程以来，各种类型的生态系统固碳增汇措施都已经取得了一些初步的效果，但由于资源、技术和经济等方面的限制，以及政策、制度和管理方面的不足，也存在一些问题亟待解决（张力小和宋豫秦，2003；Cao，2008，2011）。因此，为了实现我国重大生态恢复和建设工程固碳效益的最大化与可持续性，应遵循自然规律、因地制宜、综合考虑不同地区的自然条件、社会和经济发展水平等多种因素，实现多种固碳增汇措施合理搭配设计。另外，也应分析现有重大生态恢复和建设工程实施过程中在固碳增汇方面存在的问题，辨析影响固碳增汇措施实施和固碳效益的自然、社会、经济与政策因素，从而提出适合各项重大生态恢复和建设工程进一步提升固碳潜力的途径、合理的技术措施与保障制度，为最大限度地发挥我国重大生态恢复与建设工程的固碳效益及潜力提供支撑。

6.3.4 优化生态系统各要素的调控和管理，提升重大生态恢复和建设工程固碳能力

在实施重大生态恢复和建设工程过程中，可根据各项工程的实际情况，通过

更新或引入适合当地的优质植物种类、优化植物群落的物种组成或空间结构，提高生态系统净初级生态力，增加生态系统的碳输入。另外，在考虑固碳增汇措施的固碳效益的同时，也应关注影响该地区生态系统固碳的限制因子，可通过施用氮肥、磷肥、有机肥或灌溉等措施，改善生态系统中养分和水分的条件，或者通过增加有机质的人为输入和归还，提高生态系统有机碳的储量，从而提升重大生态恢复和建设工程各项措施的固碳能力。

6.3.5　加大配套政策和工程的实施力度，巩固和拓展重大生态恢复和建设工程的生态效益

我国的重大生态恢复和建设工程是一项非常庞大的系统工程，必须有完善的配套政策措施和工程作为保障。当前，我国的重大生态恢复和建设工程正在加速推进由以生态恢复与建设为主向统筹兼顾生态和社会经济效益模式的转变。因此，应从社会–经济–自然复合生态系统的综合性、整体性和协调性出发，强化不同部门间、区域间的协作，加大配套政策和工程的实施力度，完善资源补偿机制，追求综合效益最佳，才能既促进生态环境的改善，也可在生态环境的改善中促进社会经济的发展，达到生态经济协调，实现可持续发展。另外，也应加强对各项重大生态恢复和建设工程在不同区域生态恢复过程的作用机制研究，进而从生态系统服务功能的多个视角，巩固与拓展重大生态恢复和建设工程的生态效益。

6.3.6　切实加大科技投入力度，积极研发和推广固碳增汇技术和措施

重大生态工程的建设作为我国实现可持续发展战略的重要环节，需要强化和保障科技的支撑作用，形成科研、推广和生产三位一体的格局，加强先进实用科技成果的组装配套和推广应用，组织各级科研部门对工程建设过程中存在的技术难题进行攻关，对已经具有较好科学基础、技术可行性和经济可行性的固碳增汇的技术与措施都应积极推广，从而形成生态修复、生态固碳和区域经济发展相结合的新模式，促进生态文明建设。

参 考 文 献

陈健，朱德海，徐泽鸿，等 . 2008. 全国森林碳汇监测和计量体系的初步研究 . 生态经济，

（5）：128-132.

陈泮勤，王效科，王礼茂 . 2008. 中国陆地生态系统碳收支与增汇对策 . 北京：科学出版社 .

陈先刚，张一平，詹卉 . 2008. 云南退耕还林工程林木生物质碳汇潜力 . 林业科学，44（5）：25-30.

程根伟，钟祥浩 . 1992. 防护林生态效益定量指标体系研究 . 水土保持学报，6（3）：79-86.

段绍光，吴明作，王慈民，等 . 2002. 河南省天然林保护工程效益评价分析 . 北京林业大学学报，2（4）：38-40.

方精云，于贵瑞，任小波，等 . 2015. 中国陆地生态系统固碳效应 . 中国科学院院刊，30（6）：848-857.

高尚玉，张春来，邹学勇，等 . 2012. 京津风沙源治理工程效益 . 北京：科学出版社 .

宫伟光 . 1997. 防护林体系区域性生态效益的评价 . 东北林业大学学报，28（1）：1-7.

郭磊，陈建成，王顺彦，等 . 2006. 正蓝旗京津风沙源治理工程综合效益评价 . 经济研究参考，30：39-44.

郭焱，周旺明，于大炮，等 . 2015. 长江上游天然林资源保护工程区森林植被碳储量研究 . 长江流域资源与环境，24：221-228.

国家林业局 . 2014. 国家林业重点工程社会经济效益监测报告 . 北京：中国林业出版社 .

国家林业局 . 2015. 退耕还林工程生态效益监测国家报告 . 北京：中国林业出版社 .

胡会峰，刘国华 . 2006. 中国天然林保护工程的固碳能力估算 . 生态学报，26（1）：291-296.

焦树林，艾其帅 . 2011. 黔中喀斯特地区退耕还林项目的碳汇经济效益分析 . 生态经济，10：69-72.

雷效章，黄礼隆 . 1996. 长江上游防护林体系不同林种的生态经济效益研究 . 自然资源学报，11（4）：625-631.

雷效章，王金锡，彭培好，等 . 1999. 中国生态林业工程效益评价指标体系 . 自然资源学报，14（2）：175-182.

李海玲 . 2010. 平原区杨-农复合生态系统碳储量与碳平衡研究 . 南京：南京林业大学 .

李怒云，洪家宜 . 2000. 天然林保护工程的社会影响评价：贵州省黔东南州天保工程评价 . 林业经济，6：37-44.

李庆云，樊巍，余新晓，等 . 2010. 豫东平原农区杨树-农作物复合生态系统的碳贮量 . 应用生态学报，21（3）：613-618.

刘金山，杨传金，戴前石 . 2015. 退耕还林工程植被碳汇效益估算 . 中南林业调查规划，34（1）：26-28.

刘拓，李忠平 . 2010. 京津风沙源治理工程十年建设成效分析 . 北京：中国林业出版社 .

刘迎春，王秋凤，于贵瑞，等 . 2011. 黄土丘陵区两种主要退耕还林树种生态系统碳储量和固碳潜力 . 生态学报，31（15）：4277-4286.

米文宝，樊新刚，谢应忠，等 . 2008. 宁南山区退耕还林还草效益评估研究 . 干旱地区农业研究，26（1）：118-124.

庞恒才，安和芳，张奎平．2001．黑龙江省天然林资源保护工程生态效益评价．林业勘察设计，118（2）：26-29．

裴卫国，张保卫，张莉，等．2008．河南天然林保护工程实施效益评价与生态补偿技术探讨．中南林业调查规划，27（3）：11-13．

任伟，王秋凤，刘颖慧，等．2011．区域尺度陆地生态系统固碳速率和潜力定量认证方法及其不确定性分析．地理科学进展，30（7）：795-804．

史立新，彭培好．1999．人工措施对川中丘陵区防护林建设的影响．山地学报，17（1）：81-85．

史立新，彭培好，慕长龙．1997．长江防护林（四川段）初期水土保持效益研究．水土保持通报，17（6）：14-22．

孙立达，朱金兆．1995．水土保持林体系综合效益研究与评价．北京：中国林业出版社．

魏亚伟，周旺明，于大炮，等．2014．我国东北天然林保护工程区森林植被的碳储量．生态学报，34（20）：5696-5705．

徐孝庆．1992．森林综合效益计量评价．北京：中国林业出版社．

许明祥，王征，张金，等．2012．黄土丘陵区土壤有机碳固存对退耕还林草的时空响应．生态学报，32（17）：5404-5415．

许文强．2006．森林碳汇价值评价：以黑龙江三北工程人工林为例．昆明：西南林学院．

杨旭东．2005．退耕还林工程效益评价案例分析：以湖北省秭归县中坝村为案例．绿色中国，4：27-29．

杨艺渊，高亚琪．2011．新疆退耕还林工程碳汇效益评价：以塔城地区为例．林业资源管理，6：27-40．

姚平，陈先刚，周永锋，等．2014．西南地区退耕还林工程主要林分50年碳汇潜力．生态学报，34（11）：3025-3037．

于贵瑞．2003．全球变化与陆地生态系统碳循环和碳蓄积．北京：气象出版社．

于贵瑞，王秋凤，朱先进．2011．区域尺度陆地生态系统固碳速率和增汇潜力概念框架及其定量认证科学基础．地理科学研究，30（7）：771-787．

于贵瑞，何念鹏，王秋凤，等．2013．中国生态系统碳收支及碳汇功能．北京：科学出版社．

张力小，宋豫秦．2003．三北防护林体系工程政策有效性评析．北京大学学报（自然科学版），39（4）：594-600．

张良侠，樊江文，张文彦，等．2014．京津风沙源治理工程对草地土壤有机碳库的影响：以内蒙古锡林郭勒盟为例．应用生态学报，25（2）：374-380．

张林，王礼茂．2010．三北防护林体系森林碳密度及碳贮量动态．干旱区资源与环境，24（8）：136-140．

张林，王礼茂，王睿博．2009．长江中上游防护林体系森林植被碳贮量及固碳潜力估算．长江流域资源与环境，18（2）：111-115．

张颖，吴丽莉，苏帆，等．2010．我国森林碳汇核算的计量模型研究．北京林业大学学报，

32（2）：194-200.

支玲，许文强，洪有宜，等 . 2008. 森林碳汇价值评价：三北防护林体系工程人工林案例 . 林
　　业经济，3：41-44.

周红，张晓珊，缪杰 . 2005. 贵州省退耕还林工程重庆效益监测与评价初探 . 绿色中国，
　　5（6）：48-49.

朱金兆 . 1991. 水土保持林综合效益调查和评价 . 北京：北京林业大学出版社 .

朱震锋，曹玉昆 . 2012. 天保工程碳汇效果评价：以黑龙江森工林区为例 . 林业经济问题，
　　32（3）：249-252.

Cao S X. 2008. Why large-scale afforestation efforts in China have failed to solve the desertification
　　problem. Environmental Science and Technology, 42（5）：1826-1831.

Cao S X. 2011. Impact of China's large-scale ecological restoration program on the environment and
　　society in arid and semiarid areas of China: Achievements, problems, synthesis, and applica-
　　tions. Critical Reviews in Environmental Science and Technology, 41: 317-335.

Chen X G, Zhang X Q, Zhang Y P, et al. 2009. Carbon sequestration potential of the stands under
　　the Grain for Green Program in Yunnan Province, China. Forest Ecology and Management, 258:
　　199-206.

Deng L, Liu G B, Shangguan Z P. 2014. Land-use conversion and changing soil carbon stocks in
　　China's "Grain-for-Green" Program: A synthesis. Global Change Biology, 20（11）：3544-3556.

Feng X M, Fu B J, Lu N, et al. 2013. How ecological restoration alters ecosystem services: An
　　analysis of carbon sequestration in China's Loess Plateau. Scientific Reports, 3: 1-5.

Houghton R A. 1999. The annual net flux of carbon to the atmosphere from changes in land use 1850-
　　1990. Tellus B, 51: 298-313.

IPCC. 2007. Climate Change 2007: The Physical Science Basis. Contribution of Working Group I to the
　　Fourth Assessment Report of the Intergovernmental Panel on Climate Change. Cambridge and New
　　York: Cambridge University Press.

Liu M, Liu G H, Wu X, et al. 2014. Vegetation traits and soil properties in response to utilization
　　patterns of grassland in Hulun Buir City, Inner Mongolia, China. Chinese Geographical Science,
　　24（4）：471-478.

Lu F, Hu H F, Sun W J, et al. 2018. Effects of national ecological restoration projects on carbon
　　sequestration in China from 2001 to 2010. Proceedings of the National Academy of Sciences of the
　　United States of America, 115（16）：4039-4044.

Piao S L, Fang J Y, Ciais P, et al. 2009. The carbon balance of terrestrial ecosystems in
　　China. Nature, 458: 1009-1013.

Shen H T, Zhang W J, Yang X, et al. 2014. Carbon storage capacity of different plantation types
　　under Sandstorm Source Control program in Hebei Province, China. Chinese Geographical Science,
　　24（4）：454-460.

Song X Z, Peng C H, Zhou G M, et al. 2014. Chinese grain for green program led to highly increased soil organic carbon levels: A meta-analysis. Scientific Report, 4: 4460.

Wang B, Wang D, Niu X. 2013. Past, present and future forest resources in China and the implications for carbon sequestration dynamics. Journal of Food, Agriculture & Environment, 11 (1): 801-806.

Wang D, Wang B, Niu X. 2014. Effects of natural forest types on soil carbon fractions in Northeast China. Journal of Tropical Forest Science, 26 (3): 362-370.

Wei Y W, Yu D P, Lewis B J, et al. 2014. Forest carbon storage and tree carbon pool dynamics under Natural Forest Protection program in northeastern China. Chinese Geographical Science, 24 (4): 397-405.

Wu X, Li Z S, Fu B J, et al. 2014. Restoration of ecosystem carbon and nitrogen storage and microbial biomass after grazing exclusion in semi-arid grasslands of Inner Mongolia. Ecological Engineering, 73: 395-403.

Xiong D P, Shi P L, Sun Y L, et al. 2014. Effects of grazing exclusion on plant productivity and soil carbon, nitrogen storage in Alpine Meadows in northern Tibet, China. Chinese Geographical Science, 24 (4): 488-498.

Yang Y H, Luo Y Q, Adrien C F. 2011. Carbon and nitrogen dynamics during forest stand development: A global synthesis. New Phytologist, 190: 977-989.

Zeng X H, Zhang W J, Liu X P, et al. 2014. Change of soil organic carbon after cropland afforestation in 'Beijing-Tianjing Sandstorm Source Control' program area in China. Chinese Geographical Science, 24 (4): 461-470.

Zhou W M, Lewis B J, Wu S N, et al. 2014. Biomass carbon storage and its sequestration potential of afforestation under Natural Forest Protection program in China. Chinese Geographical Science, 24 (4): 406-413.

| 第7章 | 　重大生态工程固碳增汇措施与途径

　　为促进经济发展、维护生态安全、改善和保障民生，稳步推进改革与发展，建设美丽中国，我国启动了一批重大生态建设工程（江泽慧，1999；李世东，1999；鞠洪波，2003；胡会峰和刘国华，2006a），包括天然林资源保护工程、"三北"防护林体系建设工程、长江、珠江流域防护林体系建设工程、退耕还林（草）工程、京津风沙源治理工程、退牧还草工程等。随着这些工程的实施，生态保护和植被恢复成效日益凸显，生态环境得到明显改善（谢晨等，2014）。截至2013年，第八次全国森林资源清查（2009～2013年）结果显示，全国现有森林面积2.08亿 hm²，森林蓄积量达到151.37亿 m³，森林覆盖率增至21.63%，森林面积和森林蓄积分别位居世界第5位和第6位，人工林面积位居世界首位（国家林业局，2014a）。

　　我国重大生态建设工程在我国生态环境变化中起着举足轻重的作用，尤其在减小碳收支不平衡中起着关键作用（贺庆棠，1993；胡会峰和刘国华，2006b）。但是，这些生态工程的固碳能力和效应长期以来未受到足够的重视，不利于准确认识其在应对全球气候变化中的重要作用，因而很大程度上限制了我国政府在联合国气候变化谈判中的主动权。另外，随着工程实施年限的增加，工程植被恢复质量和退化问题（如森林质量低下、火灾和病虫害频发）逐渐显现。因此，针对各重大生态工程固碳速率与效应等问题，对其相应的限制因素展开系统研究，从而提出有效的碳增汇提升途径和措施成为当前我国重点生态工程建设的当务之急（鞠洪波，2003；国家林业重点工程社会经济效益监测项目组，2012；Deng et al.，2014a；Liu and Wu，2014；Wei et al.，2014）。

　　在此背景下，以我国重点生态建设工程固碳速率、固碳量、固碳效益的区域变异为依据，整合各生态工程碳固持效益长短期研究的成果，在辨析各生态工程固碳障碍因素的基础上，以保障和提高固碳速率与固碳量、降低固碳成本为目标，针对重大生态工程碳增汇效应的保障和提升，从生态系统经营与管理、抚育更新技术和模式等方面提出相应的途径与技术措施，为国家决策层根据各个生态工程实际情况制定出台相应的政策措施提供理论依据和科学指导。

7.1 天然林资源保护工程增汇潜力的提升途径和措施

森林是陆地生态系统的主体，是地球生命的重要组成部分。天然林是森林资源的最重要组成部分，是我国森林资源的主体，它不仅为人类提供大量的木材和林副产品，还具有涵养水源、保持水土、调节气候、防风固沙、改良土壤、美化环境、减少污染、抵御自然灾害、保护生物多样性等生态系统服务功能，对维护我国生态安全、木材安全、调节陆地生态系统平衡和改善生态环境具有不可替代的巨大作用（卢军伟，2008；许格希等，2016；杨师帅等，2022）。

保护天然林资源是关系到中华民族生存发展的大问题，因此，我国从 1998 年开始实施了举世瞩目的天然林资源保护工程（以下简称天保工程）。经过近 20 年的建设与发展，天保工程区森林资源恢复与生态状况逐渐好转（Wei et al.，2013）、生物多样性得到有效保护（许格希等，2016）、森工企业改革得到促进、民生得到有效改善，森林管护责任、公益林补偿机制、森林抚育和森林改培等方面取得创新性突破（Zhou et al.，2014）。

天然林生态系统作为巨大的碳库在固碳减排上发挥着重要作用，但长期以来，平衡碳收支方面的作用未受到足够的重视（Guo et al.，2013；方精云等，2015a）。天保工程区森林面积约占我国森林总面积的 40%，但森林蓄积量超过我国森林总蓄积的一半。因此，研究天保工程的固碳潜力和效益将对我国应对全球气候变化发挥关键作用。

天保工程主要以封山育林措施为主，对森林资源进行保护并促进生态系统天然的自我修复，提高森林蓄积量，进而增加森林碳汇。自工程实施以来，森林蓄积量明显提高，森林碳汇功能愈加显著。但是，目前大量的天然次生林林分生长过密，林下目标树种更新困难，中幼龄林木生长缓慢或受阻，幼树枯损严重，导致森林防护效能低下；天然林林区营造的人工林由于初植密度过高，林分郁闭后，林木空间竞争激烈，生长往往被抑制。此外，在东北、内蒙古林区，随着工程的实施，原本的近熟林或成熟林由于封山育林而发育成过熟林，进而开始发生衰老枯倒，通过生物分解从"碳汇"转变成"碳源"。与此同时，全球保护森林资源的呼声日益高涨，通过增加进口解决国内木材短缺问题难度越来越大，立足国内培育后备木材基地，已成为一项紧迫而长期的战略任务。因此，天保工程二期明确指出必须加强森林资源的经营和培育，进一步提高天然林资源的质量和固碳能力。

综上所述，只有明确天保工程固碳效益和碳汇潜力提升的障碍因素，才能提出进一步提高工程固碳增汇效应的途径和技术措施。此外，由于天保工程区范围跨越热带、亚热带、温带、寒温带等气候带，明显的区域气候差异塑造出显著不同的植被类型，这就导致天保工程具有一定的地域特异性。因此，必须针对天保工程实施区域的实际情况，分别辨析影响不同区域工程固碳效益和潜力的障碍因素，方能因地制宜、因林施策。

7.1.1 天保工程固碳效应的限制因素

天保工程实施 20 年来，工程区实现了森林资源由过度消耗向恢复性增长的转变，生态状况由持续恶化向逐步好转转变，林区经济社会发展由举步维艰向稳步复苏转变。取得突破性进展的同时，仍有一些自然和社会经济因素限制天保工程碳固持能力的提升。

7.1.1.1 长江上游、黄河上中游地区天保工程固碳效应的限制因素

1）生态环境本底脆弱，工程建设艰巨

长期以来对自然资源的过度开发和利用造成长江上游、黄河上中游地区自然生态环境本底相对贫瘠且十分脆弱，主要表现在水土流失严重（World Bank，2001）、荒漠化土地面积不断扩大（崔向慧和卢琦，2012）、生物多样性遭受严重的破坏（马克平，2013）等方面。进而导致天然林的恢复速度十分缓慢且易遭受病虫害，最终降低或遏制森林生态系统固碳潜力的提升。

2）未立地调研不足，树种选择不甚合理

天保工程实施过程中部分地区由于缺乏对工程区不同生境条件地理地带规律的深入研究，未能因地制宜进行恢复造林，盲目引入其他树种而不考虑乡土树种，造成原本存在的生态环境问题趋于复杂化。例如，有些地方的造林地要靠人工浇水才能维持林木存活，一味追求森林覆盖率以实现政绩提升或应对上级检查，既对森林固碳增汇毫无贡献，又耗费了大量的人力、物力（孙鸿烈和张荣祖，2004）。

3）缺乏森林管护，不重视森林抚育

长江上游、黄河中上游天然林生长较东北、内蒙古林区天然林要快，而且经过长期的采伐，该地区天然林多以中幼林为主，经过工程实施以来十多年的封育，导致天然次生林林分生长过密，林下目标树种更新困难，中幼龄林木生长缓

慢，幼树枯损严重（卢航等，2013）。对于人工干预的天然林恢复迹地，大量的人工林由于初植密度过高，导致部分地区林分郁闭后产生激烈的种间和种内竞争，极大地限制了森林生态系统固碳功能的发挥。

4）违法采伐及乱砍盗伐时有发生

天然林长期以来是我国林木商品性采伐的主要对象，工程区居民的收入主要依赖森林的采伐和商品性贸易。长江上游、黄河上中游地区的天保工程实施后各省市、地方政府采取强力措施，全面停止天然林商品性采伐，这在短期内必然与集体林场、森工集团的直接利益相矛盾，因而导致违法采伐和乱砍盗伐现象时有发生。

5）林业管理体制相对落后，林改经费缺口较大

天保工程实施以后，原国家林业局、各省林业厅和地方政府为妥善安置森工企业与林场职工出台了系列政策法规并加大资金支持，但由于基层普遍存在林业管理体制相对落后等问题，致使基层林业工作者工资收入水平较低，工作主动性和积极性受挫，对天保工程建设工作的正常开展造成一定影响（唐璐，2011）。另外，林权改革经费缺口较大，导致林权纠纷过多，且由于资金不足、林农林权意识淡薄，管理林地水平较低，交互开山种地现象比较普遍（唐璐，2011）。

7.1.1.2 东北、内蒙古等重点国有林区天保工程固碳效应的限制因素

1）森林经营管理技术相对不足，森林质量较低

不管是人工更新还是天然更新，森林的固碳潜力与林木的生长息息相关。天保工程一期的主要目的是调减东北、内蒙古等重点国有林区森林的采伐量，力争在工程一期结束时森林覆盖面积和蓄积量能实现双升。而天保二期工程明确提出以保护和培育天然林资源为核心，实现资源增长和质量双提升。现在各工程区普遍面临的瓶颈是如何提高森林资源的质量，保证天然林资源的增长，至今在多数地区仍缺乏森林经营管理方面的科学技术研究（何英，2006）。

2）仍然存在违法采伐和乱砍盗伐

采伐对天保工程的碳汇效应影响巨大。东北、内蒙古等重点国有林区长期以来是我国商品材供应主产区，工程实施以来，各地虽采取有力措施，严格采伐管理，坚决制止超限额采伐，遏制森林资源下降趋势，按计划减产工程区木材产量，实现森林资源面积、蓄积双增长。但仍然存在违法采伐或超额采伐以及乱砍盗伐的现象（何英和张小全，2005），在一定程度上削弱了限伐措施对天保工程碳汇效应提升的积极贡献。

3）民生问题有待进一步解决

长期以来天然林采伐是天保工程区农民的唯一经济来源，民生问题是决定天保工程能否在东北、内蒙古等国有重点林区顺利实施的关键因素之一。天保工程实施后国有林场富余职工分流、转岗及生活保障（工资拖欠、医疗、失业保险）等问题较为突出。尽管天保工程执行补助后使封山育林和现有林管护用工逐年增加，但相比以前仍然不能改变用工需求逐年减少的趋势，进一步加剧了农村隐性失业问题。另外，林区公共设施建设、社会福利及社会财富的公平分配等问题较为突出，且随政策兑现程度而变化（洪家宜和李怒云，2002）。

7.1.2 天保工程固碳增汇的提升途径和措施

天保工程固碳增汇提升途径和措施的基本原则是坚持因地制宜、分区因林施策，继续强化森林管护和森林资源培育，同时保障和改善民生。

7.1.2.1 长江上游、黄河上中游地区天保工程固碳增汇的提升途径和措施

1）适当疏伐，提高土壤碳储量

在长江上游森林的间伐、疏伐研究均表明不同强度的采伐方式会显著影响天然林土壤有机碳和微生物碳储量。随着间伐强度的增加，森林生态系统地下部分碳汇功能逐渐减弱（袁喆等，2010；表 7-1）。但是，在高密度的天然次生林或人工林，开展低强度林窗式疏伐可提高土壤腐殖质层的碳储量，进而增加地下部分可溶性有机碳含量（王成等，2010；表 7-1）。因此，建议针对长江上游、黄河中上游高密度的天然次生林或人工林进行适当的疏伐以提高土壤碳储量。

表 7-1 长江上游工程区不同抚育措施对土壤碳储量的影响

地区及林型	抚育强度	土壤有机质/(g/kg)	微生物碳/(mg/g)	参考文献
四川九寨沟云杉林	对照	158.84	6.27	王成等，2010
	林窗式疏伐	231.54	8.78	
川西亚高山云杉人工林	对照	31.82	0.31	袁喆等，2010
	10%间伐	26.36	0.27	
	20%间伐	25.21	0.27	

2）适当间伐，提高天然林蓄积量

合理的抚育间伐对于改善林分冠层的营养空间以及地下部分水肥的供应条件，保证林木个体和群体生长，提高林分的生物量和生产力具有重要的理论和实

践指导意义。对相同立地条件下经抚育后（间伐）的中幼龄杉木（*Cunninghamia lanceolata*）林和柏木（*Cupressus funebris*）林林分生长情况的调查表明，间伐后林分的胸径、树高、蓄积量均显著高于未进行抚育的林分（童书振等，2002；郑江坤等，2014）。但是，不同的林分其适应的抚育强度有所不同。例如，柳杉（*Cryptomeria japonica* var. *sinensis*）林的抚育强度为 30% 时单位面积蓄积量最大（杨先义和罗永猛，2007），而 7 年生光皮桦（*Betula luminifera*）次生林在抚育强度约为 60% 时单位面积蓄积量最大（胡方彩等，2011）；又如，中度抚育间伐（35%）的马尾松（*Pinus massoniana*）林单位蓄积量最大（谌红辉等，2010；表7-2）。但是也有研究指出在降水较少的地区，抚育间伐虽然能够促进林木胸径的生长，但间伐降低了林分单位面积蓄积量（安长生，2009；表7-2）。因此，建议在长江上游、黄河中上游降水丰沛的天然林林区，对密度较大的人工林可根据林分类型进行合理强度的间伐，促进林木生长，提高森林蓄积量；而在相对较干旱地区则采取封育措施，提高森林蓄积量。

表7-2　长江、黄河流域不同间伐抚育措施对林分生长和蓄积量的影响

地区及林型	抚育措施	生长量指标	蓄积量指标	参考文献
贵州省织金县柳杉林	对照	0.0103A	2.309b	杨先义和罗永猛，2007
	10%	0.0129A	3.017b	
	20%	0.0146A	3.000b	
	30%	0.0219A	4.165b	
贵州省织金县光皮桦次生林	对照	5.87B	40.138a	胡方采等，2011
	26.5%	6.58B	49.478a	
	58.1%	7.95B	58.091a	
四川省阆中市柏木人工林	对照	0.41C；0.58D	—	郑江坤等，2014
	21.6%	0.63C；0.97D	—	
	49.4%	2.27C；1.11D	—	
	71.3%	2.73C；1.12D	—	
四川省洪雅县杉木林	对照	12.6E	122.7a	童书振等，2002
	间伐	8.4E	202.2a	
甘肃省小陇山落叶松琳	对照	10.39E	7.35a	安长生，2009
	45%	10.56E	5.39a	

地区及林型	抚育措施	生长量指标	蓄积量指标	参考文献
湖北省利川市马尾松林	对照	—	38.13a；13.06b	谌红辉等，2010
	20%	—	35.92a；13.69b	
	35%	—	36.27a；16.26b	
	50%	—	33.92a；15.90	

注：衡量生长量的指标很多，不同文献采用的指标不同。一般可分为：A，单株生长量（m³）；B，平均树高（m）；C，胸径生长量（cm/a）；D，树高生长量（m/a）；E，平均胸径（cm）。蓄积量指标一般分为：a，总蓄积量（m³/hm²）；b，年蓄积增长量 [m³/(hm²·a)]

3）依森林资源分区原则，适地适树，封抚结合

针对长江、黄河流域现有森林资源和植被分区特点（肖文发和雷静品，2004），对确定为国家公益林和水源涵养林的林地采用封山育林为主、抚育为辅（如林床清理）的技术措施；对于人工促进植被恢复的林地则应根据地域特点和植物生理生态特性合理选择造林树种（乡土树种），实现适地适树的目标（张喜，2001）；同时辅以人工抚育（如修枝、窝抚等）促进林木较快生长，提高森林蓄积量（唐守正和刘世荣，2000）。

4）提供资金和政策保障

天保工程建设任务重，需要大量的财力、物力支持，需要中央及各级地方政府部门广开门路、多方筹措（唐璐，2011）。同时通过完善政策法规，出台激励机制，加强科技成果转换及技术指导，鼓励林业基层工作者和林区居民在保护天保工程建设成果的基础上进行生产实践、主动创收。建议通过大力发展林下经济（如家禽饲养、森林蔬菜、菌菇培育等），采取绿色产业招商引资等方式缓解和改善林区经济相对落后的局面，最终通过民生问题的改善，增强基层群众对天保工程的重视，最终提升工程区森林资源的固碳潜力。

7.1.2.2 东北、内蒙古等重点国有林区天保工程固碳增汇的提升途径和措施

1）因地制宜，因林施策，提高土壤碳储量

东北地区的间伐试验表明间伐强度导致土壤有机质含量减少（王海燕等，2009；表7-3）。对海南热带山地雨林的研究发现，不同采伐强度经营试验初期土壤碳储量随采伐强度的增加而降低（骆土寿和陈永富，2000），而对于内蒙古油松（P. tabuliformis）、华北落叶松（Larix gmelinii var. principis-rupprechtii）人工林进行适当的抚育间伐（强度≤30%）则可增加土壤有机质含量（吕竟斌等，

2012；表 7-3)。

表 7-3 东北、内蒙古等重点国有林区不同抚育措施对土壤碳储量的影响

地区和林型	抚育强度	土壤有机质 /(g/kg)	土壤碳储量 /(t/hm²)	参考文献
吉林省汪清林业局金沟岭冷杉林	对照	197.4	—	王海燕等, 2009
	20%	127.4	—	
	30%	173.4	—	
	40%	160.0	—	
内蒙古自治区乌兰察布市凉城县油松林	对照	28.28	—	吕竟斌等, 2012
	10%	15.87	—	
	20%	44.05	—	
	30%	86.89	—	
内蒙古自治区乌兰察布市凉城县落叶松林	对照	16.63	—	
	10%	27.92	—	
	20%	46.03	—	
	30%	126.24	—	
海南省霸王岭热带山地雨林	对照	—	108.91	骆土寿和陈永富, 2000
	30%	—	104.03	
	50%	—	103.12	

因此，建议经历较大采伐强度后的东北林区天然次生林仍应避免间伐作业，但可对林内枯落物进行定期清理；经历较弱采伐强度的天然林或人工林则可采取轻度间伐的形式促进森林恢复、提高土壤碳储量。

2）透光伐与间伐相结合，提升林分生产力和蓄积量

通过对工程区不同林分进行抚育管理（主要为间伐和透光伐），研究其对林分生产力和蓄积量影响的结果表明：无论是林木胸径、树高生长量，还是林分单位面积蓄积量都表现为抚育管理后有一定程度的提高。例如，黑龙江省帽儿山红松（*P. koraiensis*）林透光抚育后的蓄积年增长量和蓄积量较对照组分别提高 65.5% 和 12.9%（屈红军和牟长城，2008）；类似地，吉林省云冷杉混交林则为 32.0% 和 60.9%（雷相东等，2005）。

通过抚育间伐，可降低林分密度，增强林下透光性，改善林木生长条件，减小林木之间的相互竞争，最终增加林分蓄积量。例如，对吉林省汪清林业局人工落叶松纯林演化后形成的落叶松-云冷杉混交林进行间伐（中度 20% 和强度

30%）抚育，12 年后间伐林分样地胸高断面积和蓄积增长率均显著大于对照样地（表7-4）。另外，吉林省敦化市林业局对上层红松林进行不同强度的抚育，发现低强度抚育林分上层林木蓄积年增长量最高，而林冠下红松胸径年生长量和年蓄积增长量均随抚育强度的增大而增大，且整个林分蓄积增长量在较大抚育强度（30%～40%）时最高（表7-4）。可见，合理的抚育措施可以有效提高林分生长量和蓄积量。

表7-4　东北、内蒙古等重点国有林区不同抚育措施对林分碳储量的影响

地区和林型	抚育措施	胸径生长量/（cm/a）	蓄积量指标	参考文献
黑龙江省帽儿山红松林	对照	—	234.35A	屈红军和牟长城，2008
	半透光	—	276.79A	
	全透光	—	253.32A	
黑龙江省江山娇实验林场红松林	郁闭度0.2～0.3	—	157.47A	蔡禹等，2010
	郁闭度0.4～0.5	—	190.65A	
	郁闭度0.6～0.7	—	190.18A	
吉林省汪清落叶松云冷杉混交林	对照	—	2.89C	雷相东等，2005
	20%	—	4.41C	
	30%	—	4.89C	
吉林省敦化市红松林	11%～14%	0.21	4.71B	
	20%～29%	0.37	4.83B	
	30%～40%	0.68	6.23B	

注：通常采用的蓄积量指标可分为，A，单位面积蓄积量（m³/hm²）；B，年蓄积增长量 [m³/（hm²·a）]；C，蓄积增长率（%）

3）遵循演替规律，引入先锋树种，栽针保阔

经历高强度的森林采伐后，东北、内蒙古国有林区森林恢复比较缓慢，并且森林结构相对单一，蓄积量提升空间仍较大。因此，必须遵循森林生态系统演替规律，引入先锋树种，改善立地条件，进而吸引演替中后期阔叶树种进驻，提高森林群落生物种类和数量，加速凋落物分解，从而给林木创造优质的生长条件，进而形成多层垂直植被景观，可以充分发挥森林生态系统的固碳效益（刘松春等，2008；蔡禹等，2010）。

4）完善林业管理体系，扶持和引导林区职工发展接续产业

随着东北、内蒙古等国有重点林场以木材生产为主向以生态建设为主的转变，以前政企合一的管理体制已不适应新形势的需要。因此，加快体制、机制创

新，在政企分开的同时，将资源管理和资源利用分开，用资金政策引导产业开发，发展非林非木产业，促进非公有制经济发展。此外，要逐步提高木材深加工比例，增加林产品附加值，延长产业链，做到减产不减收，实现经济总量不断增加，为我国重点生态工程建设提供体制和机制上的保障（李硕龙，2005）。

7.2 "三北"及长江流域等防护林体系建设工程增汇潜力的提升途径和措施

为了减少我国西北、华北及东北西部地区的风沙危害及水土流失，保障这些地区正常的农牧生产活动，国家启动了"三北"风沙危害和水土流失重点地区防护林体系建设工程（以下简称三北工程）。三北工程具体是指在我国的东北西部、华北北部、西北大部地区，在保护好现有森林草原植被基础上，通过统一规划、合理利用土地资源，采取人工造林、飞播造林、封山封沙、育林育草等方法建设一个多林种、多树种、带网片、乔灌草、造封管、多效益、产加销相结合的生态经济型综合林业系统（马国青，2002）。

三北工程是一项历时半个多世纪的重点生态建设工程，工程始于1978年，预计2050年结束（Tan and Li，2014；Wen et al.，2014；马文元，2016），分三个阶段、八期工程进行，共计划造林3508万 hm^2（国家林业和草原局，2019）。截至2016年，三北工程共覆盖中国13个省（自治区、直辖市）的551个县，占陆地面积的42%（代力民等，2000；朱金兆等，2004；Veste et al.，2006；李萍，2015）。

长江流域的森林资源由于长期不合理的利用（乱砍滥伐），致使流域内森林植被面积大幅减少，水土流失加剧，干旱和洪涝灾害频发，严重影响到长江流域经济及社会的可持续发展（苏子友等，2010）。珠江流域植被同样长期遭受反复破坏，且由于该流域地处中国亚热带地区，雨量充沛（尤其是每年汛期的降雨量达到年降雨量的75%以上），容易导致水土流失，引发洪涝灾害（陆文秀等，2013），给当地的生态环境和社会经济造成极大的危害（秦兆顺，1994）。为此，我国从1989年开始实施长江流域防护林体系一期工程建设，并于1994年启动了珠江流域一期综合治理工程。

目前，长江流域防护林体系建设工程（第三期，2010~2020年）涵盖长江、淮河、钱塘江流域的汇水区域，涉及17个省（自治区、直辖市）的1026个县（市、区、林业总场、自然保护区管理局）（国家林业局，2013）；珠江流域防护林体系建设三期工程建设范围包括珠江流域 6 个省（自治区）186 个县（市、区）（国家林业局，2010）。

7.2.1 "三北"及长江流域等防护林体系建设工程固碳效应的限制因素

7.2.1.1 三北工程固碳效应的限制因素

虽然三北工程产生了一定的固碳效益，但工程实施过程中也遇到了一些自然和社会经济等障碍因素，阻碍工程固碳增汇效益的提升。

1) 缺水严重，造林难度较大

"三北"地区多为干旱半干旱区，且气候、立地条件空间差异较大，自然条件较为严酷，水资源匮乏是限制工程建设的主要因素（黄麟等，2016）。三北工程的总体建设规划中对土地利用结构调整的可行性作了分析，但缺乏对在水资源相对匮乏条件下建设大型人工林带的水分平衡的深入研究（张力小和宋豫秦，2003），致使在造林过程中常因供水不足而造成林分生长较差。

在实际造林中也没有考虑用水的科学性，如有的地方选择抽取地下水喷灌、滴灌造林，不仅成本高、成活率低，而且不具有可持续性（黄麟等，2016）。连续干旱和地下水位下降造成三北工程主要造林树种杨树（*Populus tremula*）的大面积枯死（贾怀东，2013），此外工程建设初期多按照由近及远、先易后难的原则进行造林，条件较好的宜林荒地已基本得到治理，尚存的待造林地基本上是立地条件更差、降水量更低的远山、高山、流动沙丘等立地（刘冰等，2009）。在这类立地上干旱缺水就成了影响造林成活的重要因素（孙庆来和卢佶，2016）。综上所述，水资源短缺在一定程度上限制了三北工程的建设及其可持续性，限制工程植被固碳能力的提高。

2) 林分配置相对单一，经营管理落后

三北工程建设的前期，过分强调人工纯林的建设，如杨树纯林的占比过高（贾怀东，2013），而忽视了不同林龄乔木、多树种及乔灌草的合理配置。林分结构不合理可能引起病虫害频繁发生，导致森林稳定性差（中国社会科学院环境与发展研究中心，2001）。同时，由于部分地区三北工程的实施时间跨度较长以及经营管理相对落后，导致森林出现较为严重的退化现象，大片残次林带、低质低效林带和病腐林带亟待更新与改造（苗普和韩纯君，2006；贾怀东，2013）。老化及枯死的林分并不能起到有效的固碳作用，而且有可能转变为"碳源"，限制和抵消了人工林的防护效益及固碳能力。

3）缺乏政策保障，资金投入不足

三北工程与中国改革开放同步进行，工程建设在投入机制、建设机制、管理体制、产权制度等方面的改革创新力度相对滞后（苗普，2005），这些因素的制约使得各种生产要素参与工程建设的渠道不畅（刘冰等，2009），在一定程度上制约了三北工程的可持续经营。

资金相对短缺是制约三北工程稳固、持续发展的另一重要因素（刘冰等，2009）。三北工程一、二、三期绝大部分资金来自于国家和地方财政拨款及专项资金支持，资金拨付到位率较低且没有根据工程区自然立地条件区域差异性及社会经济发展水平进行差异化分配（苗普，2005）。值得注意的是，长期以来三北工程注重建设资金，忽视管护资金的投入（孙庆来和卢佶，2016），防护林资源的管护在很大程度上依赖各级地方政府，许多地方资源管护并未落到实处（刘冰等，2009）。

4）劳动力不足影响工程长远发展

劳动力不足的问题严重影响了三北工程的发展及固碳能力的提高。三北工程作为一项系统的公益事业，以防护作用为主。防护林的经济效益低于工程实施前的经济林效益，农民参与造林但无法直接获得经济利益，且国家承诺的经济补偿有时不能及时兑现，这使得农民付出的劳动与物质投入得不到经济补偿，严重挫伤了他们造林的积极性。随着近些年来社会主义市场经济的发展，工程区劳务输出增加，越来越少的农民投入到防护林建设当中，部分县（区）春季造林无工可雇、无人可干的现象相当普遍（蒋淑云，2016）。此外，工程建设劳动力用工成本也不断上涨，国家投资的较低水平和造林成本的较高增长速度之间严重失调（刘冰等，2009）。

7.2.1.2 长江、珠江流域防护林体系建设工程固碳效应的限制因素

虽然长江、珠江流域防护林体系建设工程产生了较高的固碳能力，但长江、珠江流域水土流失严重的情况没有得到完全遏制，生态建设任务依然繁重。与此同时，在防护林的建设过程中也遇到了很多问题影响工程碳固持潜力的提升，这主要包括以下几个方面。

1）营林难度逐年加大

长江、珠江流域防护林体系建设工程经过 20 多年来的建设，平缓、土层厚、易造林的地块已所剩无几；而急需造林的立地则表现为坡度大、土层薄，这使得

造林作业难度越来越大（晏健钧和晏艺翡，2013）。不少地区地方政府在容易造林的地段超额完成了计划，而在条件差、难度大、费用高的地段则未完成或一再拖延（代玉波，2011）。同时，项目要求安排在公益林区，商品林区不在建设范围之内，群众造林意愿与防护林建设要求不一致，农户不愿意让出林地进行工程造林，工程实施的难度越来越大（陈秀庭等，2011；杨小兰等，2011），阻碍了防护林固碳能力的提升。

2）防护林结构配置不甚合理

由于防护林以发挥生态效益为主，不允许商品性采伐，受资金、技术等因素的制约，工程实施单位多以营造传统的杉、松、桉、竹等用材林和纯林为主（陈秀庭等，2011）。这些林分所占比例偏高，而混交林比例偏低（代玉波，2011），导致森林抵抗病虫害、火灾、干旱等自然灾害能力减弱，森林生态效益得不到充分发挥，森林生态系统防护及固碳功能不强，与工程建设目标存在一定差距（杨小兰等，2011）。

3）资金投入不足

防护林建设是一项公益性工程，应以国家为主导，中央、省、市、区、县政府共同承担建设资金，但许多经济不发达地区的地方政府财政十分困难，并没有太多闲置资金用于造林（陈再福，2002），同时需造林地区造林难度加大也使得资金缺口变大（代玉波，2011）。根据规定，造林项目的作业设计、招投标、监理、检查验收、工程后期抚育管理等费用都不能从国家补偿资金中开支，这些费用均需项目承建单位独自承担，这就造成基层林业部门财政难堪重负（陈秀庭等，2011），造林补助也跟不上社会经济发展水平，降低了群众参与造林的积极性（周立江，2011）。

7.2.2 三北及长江流域等防护林体系建设工程固碳增汇的提升途径和措施

综合以上问题，可以发现影响三北工程的发展及固碳能力的提高主要表现在造林技术不合理及管理体制、机制落后等方面。而影响长江、珠江流域防护林体系建设工程的发展及固碳能力的提高主要表现在造林技术落后、营林难度加大及资金不足等方面，因此要提升三北及长江等流域防护林体系建设工程固碳能力，可以从科学造林、增加资金投入及加强森林管护等方面入手。

7.2.2.1 三北工程固碳增汇的提升途径和措施

1）完善造林技术

"三北"地区生态建设应该基于"宜乔则乔、宜灌则灌、宜草则草、宜荒则荒"原则，对于优良的生态系统（包括天然林、天然次生林和稳定的人工林），应以自然恢复为主（朱金兆等，2004；黄麟等，2016），有助于生态系统维持稳定的固碳能力。对于需要进行造林的工程区，应就地取材选择乡土树种，参考当地植被类型组成及格局进行造林；同时可适当开展引种试验，引进生态位相似的外来优良植物，如俄罗斯沙棘（*Hippophae rhamnoides* ssp. *Russia*）（李代琼等，2009）、樟子松（*P. sylvestris*）（李润良和薛兆琨，2011）、平欧杂交榛子（*Corylus heterophylla*）（王海涛，2014）等，并保证引种的安全性，与本地乡土树种配合共同建立高效稳定的防护林体系（龚维等，2009）。此外，在种植技术上也要因地制宜，如飞播造林适用于地广人稀且有一定盖沙条件的地区，封山封沙育林必须在有疏林、散生母树等的前提下才能进行（朱金兆等，2004）。

"三北"大部分地区较为干旱，可用于造林的水分较为有限，必须在充分考虑"林水平衡"原则的前提下，综合实施密度调控技术、工程整地技术、抗旱造林技术、集水储水技术、蓄水保墒技术、聚肥保土技术、综合抚育技术等，提高造林成活率（肖筱，2015）。适当进行林分改造，如对于气候干燥、水分条件很差的造林地并不适合营造杨树林，则应改造为更为耐旱的树种，如油松（*P. tabuliformis*）、刺槐（*Robinia pseudoacacia*）等（李新艺和贺蕾，2011）。另外，可广泛应用滴灌、高效吸水剂等新技术，提高干旱区的造林更新成活率（贾怀东，2013）。

2）加强病虫害防治和林分管理

加强病虫害防治是三北工程建设的关键。三北工程建设应以生态系统健康为目标，以预防为主，采取多种防治措施进行病虫害防治。例如，采用林分疏伐及化学药剂法防治杨灰斑病；采用性信息素诱捕器诱杀白杨透翅蛾（*Parantrena fabaniformis*）等（洪雪等，2011），从而保持森林生态系统的健康持续发展。

与此同时，加大封育力度，在适宜的封育区，把封育作为恢复植被的首选方式（孙庆来和卢佶，2016），做到宜封则封、应封全封。在封育区减少人工造林的成分，尽量以自然恢复为主，加速群落演替（Kassas and Rescuing，1999）。对林分密度过高的幼龄林进行适当疏伐，调控幼树与灌草、藤蔓的营养竞争，为乔木树种生长创造足够的营养空间；对中龄林根据实地情况进行林木分布格局和林分树种组成的调整（柴兵等，2015）；对防护效益已逐渐下降的成熟和过熟林带，在不影响整体防护效益的前提下，有计划、有步骤地进行采伐更新，逐渐调整林龄结构（贾怀东，2013）。从以造林为主逐步转变到造林、管护、改造、提高并举，确保持续、稳定、高效地发挥三北工程生态系统的服务功能（孙庆来和卢信，2016）。

3）发展混交林，提高经济效益

注重发展多种树种的混交林，并发挥灌木及草本在防护林中的作用。混交林具有结构稳定、抗逆性强、防护效益高等优点（孙庆来和卢信，2016），科学确定混交树种配置、混交方式及混交比例，构建复层、异龄、多树种组成的生态系统，可以保障防护林体系的稳定性（肖筱，2015）。例如，毛白杨（*P. tomentosa*）与刺槐（*Robinia pseudoacacia*）、柠条（*Caragana korshinskii*）等进行混交都能起到良好的效果（赖家琮，1984；胡国俊等，2005）。注重发展灌木林，并且在困难立地条件下首先考虑灌木造林（马文元，2016），如沙棘（胡建忠，2006）、沙柳（*Salix psammophila*）、苁蓉（*Cistanche salsa*）、花椒（*Zanthoxylum bungeanum*）（孙枫，2003）等都是优良的造林灌木品种。促进林粮、林草、林药结合，防护林和经济林结合，最大限度地发挥三北工程的多功能性及经济效益（马文元，2016）。例如，在杨树幼林中间作黄豆（*Glycine max*），豌豆（*Pisum sativum*）等不仅提高了经济价值，还可促进杨树生长（章忠，2008）。部分地区的实践表明间作牧草及药材也可改良土壤的理化性质，提高杨树生长（刘淑玲，2012）。

7.2.2.2 长江及珠江流域防护林体系建设工程固碳增汇的提升途径和措施

1）科学合理造林

科学规划造林区域，坚持因地制宜总体优先的原则（陈辉和唐德瑞，1994），根据不同树种所需的不同气候和立地条件，科学合理安排树种的分布区（陈秀庭等，2011）。以防护林为主体，适当配置特用林、用材林、经济林、薪炭林（含林木生物质能源林），形成多林种、多功能的综合防护林体系（国家林业局，2010）。依靠科技进步和科技成果的推广运用，大力培育推广适生优良植物品种（陈秀庭等，2011；代玉波，2011）。例如，蔓荆（*Vitex trifolia*）在亚热带湿润风沙地区具有良好的适应性，生长迅速，根系发达，覆盖度大，可以作为很好的防护植物（杨洁和左长清，2004）。

2）加强森林管护和抚育

对于脆弱的林分要进行封山育林，集约保护森林资源（杨小兰等，2011）。同时针对低效林分应加强林分改造和抚育管理力度（代玉波，2011；周立江，2011）。例如，在林木稀疏，林下空间较大的林区选择耐阴树种进行补植；在树种老化或生产力较低的林分中对生长较差的病木、腐木进行择伐或透光伐，增加林下透光度，为中幼林生长提供更好的生存环境（曹东升，2011）；对于防护价值较低的林分可适当进行间伐，栽植更新固碳潜力高的树种（邓加林等，2008）。另外，加强中、幼龄林阶段林分管护，提高防护林的碳汇量（陈再福，2002；田育新等，2004）。

3）完善生态补偿机制

进一步完善森林生态效益补偿机制，增加防护林建设与管护补偿的资金来源（陈秀庭等，2011）。工程建设资金中专门列出管护费、工程监理费、检查验收费等预算，确保长江及珠江防护林体系建设工程的质量和效果（晏健钧和晏艺翡，2013）。

4）发展林下经济，增加林农收入

根据长江及珠江流域天然的地理资源优势，大力发展林下经济，依托科技创新成果，深入挖掘林副产品价值。例如，林果、林药、林竹、林草、林藤等高效栽培模式（杨小兰等，2011），防护林的柏木（*Cupressus funebris*）、马尾松（*P. massoniana*）、杜仲（*Eucommia ulmoides*）、银杏（*Ginkgo biloba*）、喜树（*Camptotheca acuminata*）和香樟（*Cinnamomum camphora*）等树种的林副产品（如松脂、菌类、中药材等）具有很好的开发前景（潘攀等，2004）。此外，发展森林旅游业和生态文化产业（代玉波，2011），大力发展农家乐、森林氧吧等产业活动，增加收入，提高人们对森林保护的认知（张锦孚，2015）。根据当地实际情况适当进行森林景观建设，突出当地民俗文化，提高旅游产业附加值（陈力，2014）。

7.3 退耕还林（草）工程增汇潜力的提升途径和措施

退耕还林（草）工程于1999年率先在四川、陕西、甘肃三省开展试点工作，至2005年全国共有25个省（自治区、直辖市）及新疆生产建设兵团的1897个县（市、区、旗）参与工程建设（崔海兴，2007）。该工程是我国涉及面最广、投资量最大、群众广泛参与的一项重点生态建设工程（Wang et al., 2007; Liu et al., 2008; Delang and Yuan, 2015）。工程计划从 2001 年至 2010 年, 投入 4300 亿元完成退耕地造林 1466 万 hm^2, 宜林荒山地造林 1733 万 hm^2（Yin and Yin, 2010; Bennett, 2008）。截至 2011 年工程共进行退耕还林（草）2629.48 万 hm^2（Delang and Yuan, 2015）。2014 年启动了新一轮退耕还林还草工程, 目标至 2020 年将我国坡耕地和严重沙化耕地约 282.67 万 hm^2 进行还林（草）, 其中 144.87 万 hm^2 为 25°以上坡耕地, 113.33 万 hm^2 为严重沙化地, 24.67 万 hm^2 为 15°~25°丹江口库区和三峡库区坡耕地（国家林业局, 2014b）。

土地利用变化是影响生态系统碳循环（土壤碳积累和周转速率、植被生物量）的重要因素（Don et al., 2011; Zhang et al., 2013; Cui et al., 2014; Song et al., 2014; Deng et al., 2014a; Guan et al., 2015）。已有研究表明耕地向林地和草地的转变, 增加了植被净初级生产力和土壤碳储量（Liu et al., 2014; Su and Fu, 2013）, 耕地和荒山地造林（草）增加了生态系统对碳的固定, 被认为是降低大气 CO_2 浓度、缓解气候变化的有效途径（Canadell and Raupach, 2008; Zhang et al., 2010）。退耕还林（草）工程的实施, 在大尺度上改变了土地利用类型, 显著增加了我国陆地生态系统碳储量（Song et al., 2014; Zhang et al., 2010）。有研究表明至 2010 年工程一期完成, 工程区植被固碳潜力为 485.5Tg C/a。区域分布上以内蒙古自治区、四川省最高, 分别为 54.0Tg C/a 和 45.4Tg C/a, 其次为陕西省、湖南省、贵州省和云南省, 植被固碳潜力均大于 30Tg C/a（吴庆标等, 2008）。

退耕还林（草）工程促进了工程区植被的修复, 能够有效降低土壤侵蚀和分化, 增加土壤有机碳的输入（凋落物分解）, 从而增加土壤的碳储量（Zhang et al., 2010）。研究表明, 随着退耕还林（草）工程的实施, 工程区土壤 0~20cm 土层有机碳含量增加了 48.1%（Song et al., 2014）。0~20cm 和 0~100cm 土层土壤有机碳储量积累速率分别为 0.33Mg/($hm^2 \cdot a$) 和 0.75Mg/($hm^2 \cdot a$)（Deng et al., 2014b）。退耕后, 森林对有机碳含量的增加比例大于草地, 但森林的固碳速率低于草地, 退耕年限是影响土壤有机碳储量变化的主要因子。退耕初期, 土壤有机碳储量逐渐下降, 到达一定年限后逐渐上升, 最终表现为碳汇（Deng et al., 2014b; Liu et al., 2014; Zhang et al., 2010）。据估算, 至 2020 年, 退耕还林（草）工程可固碳 11.05 Tg C（Liu et al., 2014）。

7.3.1 退耕还林（草）工程固碳效应的限制因素

退耕还林（草）工程对改善我国生态环境起到了重要的作用。随着退耕还林还草工作的不断推进，出现了一些不利因素限制了工程的发展，在一定程度上制约了退耕还林（草）工程区生态系统固碳增汇功能的发挥。

1）生境认识不足，植物物种选择不甚合理

我国退耕还林（草）工程建设区涉及范围广，气候类型多样，地形环境复杂。而在退耕还林（草）植物物种选择时，很容易忽视局域小气候和微地形引起的生境异质性，结果导致造林（草）过程中植物物种选择不科学，引发植物与环境（立地和气候）、植物与植物间不协调的问题，致使工程区造林（草）植物无法成活或者生长缓慢（王宝山等，2008），很大程度上限制了生态系统固碳增汇功能的发挥。

2）植物群落结构不合理

由于受资金投入、苗木价格、部门引导等因素的影响，一些地区退耕还林（草）选用物种相对单一，有的地区甚至为了追求经济利益，大面积种植经济林木，构建结构简单的人工单层林（张力小和何英，2002），致使生态系统抵御气象灾害和病虫害的能力较弱，容易发生大面积的死亡，不利于生态系统固碳能力的长久发挥。

3）造林（草）难度大，管理措施相对落后

一些退耕还林（草）工程区地处偏僻、路程较远、坡度较大、自然气候环境相对恶劣，增加了造林（草）难度（秦淑琴和姚青，2003）。同时，由于造林（草）后经营管理未受到重视，退耕还林（草）工程中重造轻管的问题突出（丁莉等，2003），有的地区由于管理粗放，未及时采取抚育管理措施，生长更快的杂灌和杂草会影响目标树种生长，严重的甚至迫使树种死亡，很大程度上削弱了生态系统的固碳增汇潜力（刘硕，2009）。

4）监管和管护相对薄弱，出现复垦现象

在一些地区，散养牛羊的啃食、践踏等放牧行为严重影响了树苗的成活率和保存率（何萍，2016）。另外，退耕造成的粮食减产与对退耕还林（草）工程重要性认识不足等原因，驱使农民将林（草）地复垦，破坏了工程成果。例如，在退耕还林（草）的14年间，贵州省南部和东南部耕地面积增加较大，主要源于林地和草地开垦、复垦（王丹等，2015）。而陕西省自2004年起，北部森林草原区和南部森林区耕地面积均高于 2003 年，出现了林（草）地复垦现象（王兵等，2013）。复垦不仅破坏了植被，降低了地上部分植被碳储量，而且也会在短期内降低土壤有机碳含量。例如，黄土高原仅复垦 2 年土壤有机碳随即下降了38%（肖波等，2011）。

5）技术服务相对短缺，存在不规范作业现象

退耕还林（草）工程的实施，促进了区域农业结构调整和农村劳动力的转移，然而随着青壮年劳动力的外出务工，退耕还林（草）工作开展的难度随即增加。由于基层林业技术服务人员短缺，难以直接指导和服务于退耕还林（草）工作，导致苗木的购进缺乏指导和监督（表现在苗木、草籽存在质量问题以及不适应当地环境条件）以及造林（草）作业未按规划规定操作等问题（陆迁和孟全省，2005），使得工程区内造林（草）质量低下，成活率低，从根本上阻碍了工程固碳增汇功能的发挥。

7.3.2 退耕还林（草）工程固碳增汇的提升途径和措施

退耕还林（草）工程是我国重点生态建设的标志性工程。工程固碳增汇能力对改善我国生态环境状况和应对全球气候变化发挥重要作用。本节重点针对退耕还林（草）工程区划、物种选择及群落配置、抚育管理与管护、资金投入与生态补偿机制等技术、经济和政策方面，提出退耕还林（草）工程固碳增汇效益的提升途径和措施。

1）因地制宜，合理区划

因地制宜、合理区划对退耕还林（草）工程起着关键性作用。李世东和翟洪波（2004）通过整合自然、经济和社会因子，将退耕还林（草）工程区划为 4个大区、12 个区、39 个亚区和 116 个小区，并指出了各小区的发展方向。杨帆（2015）以气候因子作为评价指标对退耕还林（草）工程区划进行了研究，得出工程区内气候湿润、半干旱、半湿润的自然区应分别以退耕还林、还草、兼顾还林和还草为主；而西北干旱区、长江流域等生态环境脆弱的重点区域内 25°陡坡山地应坚决退耕，干旱地区（降水量在 250~300mm）需注重草灌结合，极干旱地区（降水量小于 250mm）则应坚决退耕，以半荒漠、荒漠植被为主，可适当草灌结合。而在生态极其脆弱的荒漠地区可依靠自然更新进行恢复。相反，华北、东北部分平原地区则应保证耕地规模。

2）适地适树，乔灌草合理搭配

工程建设中植物物种选择应以乡土物种为主，遵循适地适树原则，宜林则

林、宜灌则灌、宜草则草、宜荒则荒。按照海拔、气温、土壤、降水等自然条件，因地制宜地制定退耕还林（草）科学方案，研究适宜应用的乔、灌、草植被类型。在育苗栽植、施肥以及生态环境生物保护方面充分运用现代科学技术，确保还林（草）成活率和质量（张景光和王新平，2002）。

不同树种在不同区域固碳量差异较大（表7-5），在适地适树和确保造林（草）质量的基础上，可以选择高固碳量和固碳速率的树（草）种。另外，退耕还林（草）提倡营造多物种共植，混交林能够充分利用营养空间，有效改善立地条件，具有较高的生态效益。混交树种需充分考虑树种生物生态学特性，可采取深根性与浅根性树种、喜光性与耐阴性树种混交；混交方式可根据地形条件，合理选择块状、带状、星状、行间与株间混交。并根据各地的自然情况和树种生态特性，制定合理的种植密度和混交比例。构建森林群落时，多采用林草结合模式，宜林荒山荒地可采用乔、灌、草混交模式，尽量避免人造纯林（秦淑琴和姚青，2003）。

表 7-5　不同区域森林生态系统碳密度的优势树种及林型差异

地区	优势树种及其碳密度/（t C/hm²）			林型及其碳密度/（t C/hm²）		
				针叶林	阔叶林	针阔混交林
云南省	铁杉（267.59）	榆树（188.02）	楠木（118.31）	111.66	103.28	116.56
贵州省	油杉（65.30）	其他硬阔（51.56）	其他油松（51.19）	59.43	50.69	66.60
四川省	椴树（121.24）	铁杉（104.59）	冷杉（91.45）	25.52	33.41	34.85
重庆市	枫香（71.94）	柳杉（62.14）	栎类（45.01）	42.64	56.46	53.97
西藏自治区	紫杉（814.42）	铁杉（416.57）	华山松（191.47）	24.17	26.23	27.57

注：数据来源于燕腾等（2016）

3）及时抚育，加强管护

抚育不仅是影响苗木存活与否的关键，还与生态系统功能发挥具有重要关系。土壤比较疏松、深厚和肥沃的退耕还林（草）区，杂草生长比较旺盛，如不及时抚育，容易与目标树种争夺空间、养分、水分等资源，影响树种生长，并且到干季容易引发火灾。及时抚育可促进林木生长，加速成林（邓德明，2006），有利于林分固碳增汇，发挥生态效益。

此外，退耕还林（草）后期管护意义重大，为了巩固造林成果，必须加大管护力度，落实管护主体。逐步建立健全制度，用制度解决工程运营中出现的问题，实现工程运营规范化（何萍，2016）。例如，在一些偏僻的地区只能依靠人工进行退耕还林（草）作业，苗木在运输途中容易受到损伤，影响栽植后的成活率，可能需要补植；而环境恶劣的地区，所需苗木质量较高，栽植后需要一定的管护措施，确保苗木成活，对成活率较低的立地，要及时补植，甚至重造。

4）加大投入，确保工程质量

为了保证工程质量和工程顺利完成，应该适当加大投入，包括资金和技术，尤其是一些位置偏僻及环境条件恶劣的地方。这些地方造林难度大，成活率低，在造林过程中应采取专业化施工，并辅以管护措施，确保苗木成活和达到工程要求。

5）完善生态补偿机制，改善民生

退耕还林（草）工程区应完善后续生态补偿制度，这是保障工程成果的重要方面。对退耕还林地符合公益林标准的需纳入森林生态系统效益补偿范围（刘平，2014）；未划入公益林的，允许农民合理经营和依法流转或采伐，采伐后要及时更新，急需抚育的森林应纳入森林抚育补贴，支持退耕还林农户在不破坏植被的前提下实行林粮（药）间作，倡导多元化经营（宋文梅和陈千菊，2016）。

我国退耕还林（草）工程区的广大农民仍以农业、畜牧业维持生活，而农业基础设施落后，农业生产力低下，农业已成为制约区域经济发展和退耕还林（草）工程顺利实施的薄弱环节（张力小和何英，2002）。因此，政府部门应加强农田基础设施建设，确保农业发展和粮食产量。同时需要加强人口密度过大区域的生态转移、劳务输出，积极鼓励、引导、扶持第二、三产业，扩大养殖业，提高农民收入（孔凡斌，2004）。

6）提高基层林农的技术水平

林农是退耕还林（草）工程建设的重要参与者，但其参与到工程建设的生态意识薄弱，技术水平较低，降低了工程建设成效和成果的保持。通过提高基层林农的专业技术水平，调动其参与工程建设的积极性，并通过专业的技术知识指导实际生产操作，有效地提高工程建设的合理性与科学性，有助于退耕还林（草）工程建设的进行和生态功能的发挥。

7.4 京津风沙源治理工程增汇潜力的提升途径和措施

京津风沙源治理工程（以下简称京津工程）于2001年全面启动，工程西起内蒙古自治区达茂旗，东至河北省平泉市，南起山西省代县，北至内蒙古自治区东乌珠穆沁旗，建设范围包括北京、天津、河北、山西、内蒙古5个省（自治区、直辖市）的 75 个县（旗、市、区），总面积为 45.8 万 km² （国家林业局，2002）。京津工程实施的主要目的是尽快恢复北京及周边地区的林草植被，解决风沙危害问题，改善生态脆弱现状。工程根据北京及周边地区沙化土地分布的现状、扩展趋势和成因，以及治理的有利条件，采取荒山荒地（沙）营造林、退耕还林、营造农田（草场）林网、草地治理、禁牧舍饲、小型水利设施、水源工程、小流域综合治理和生态移民等措施治理沙化土地（中国林业工作手册编纂委员会，2006）。

截至 2010 年，京津工程实施 10 年累计治理总面积达到 889.79 万 hm²，其中林业工程治理 576.76 万 hm²、草地治理 221.22 万 hm²、小流域治理 91.81 万 hm²。在林业工程治理中，累计完成人工造林 291.35 万 hm²、飞播造林 77.84 万 hm²、新封山育林 207.57 万 hm²（国家林业局发展规划与资金管理司，2011）。

为进一步减少京津地区沙尘危害，构建首都圈绿色生态屏障，在巩固一期工程建设成果的基础上，2012 年开始实施京津工程二期。工程区范围由北京、天津、河北、山西、内蒙古 5 个省（自治区、直辖市）的 75 个县（旗、市、区）扩大至包括陕西省在内 6 个省（自治区、直辖市）的 138 个县（旗、市、区）（张占荣，2016）。

经过 10 多年建设，京津工程区植被面积明显增加，物种丰富度和植被稳定性提高，风沙天气和沙化土地显著减少，空气质量得到改善，生态、经济、社会等效益逐步显现。河北、山西、内蒙古三省（自治区）的重点治理地区农牧民生产生活条件得到改善，经济社会可持续发展能力增强（周长东，2015；陈泽金等，2015；吴丹等，2016；戴晟懋，2016）。

京津工程实施以来，工程区 2000 ~ 2010 年森林面积增加了 260 多万 hm²（Zeng et al.，2014），森林生态系统中的总碳储量增加了 17.30 Tg（Liu et al.，2013），在固碳增汇效益上发挥了较大的作用。

7.4.1 京津工程固碳效应的限制因素

京津工程实施 10 多年来取得了良好的生态和社会经济效益，然而还存在一些影响工程固碳效应充分发挥的障碍因素，限制了工程固碳效应的最大化。

1）工程区植被缺乏稳定性，治理难度逐渐加大

通过工程治理形成的植被刚进入恢复阶段，一年生草本植物比例较大，植物群落的稳定性较差，自我调节能力较弱，具有脆弱性和不稳定性，恢复到稳定状

态仍需较长的时间（李淑英和包庆丰，2012）。另外，一期工程按照"先易后难、先急后缓"的治理原则，一些条件相对较好，治理相对容易的沙化土地已经得到治理或初步治理，其他需要治理的沙地立地条件越来越差，难度逐渐加大，单位面积治理所需投资越来越高（国家林业局，2014c）。

2）气候及地理环境复杂，治理成果不甚理想

按照规划，工程治理区分为北方干旱草原治理区、农牧交错带沙化治理区、燕山丘陵水源保护区和浑善达克沙地治理区（国家林业局，2002）。研究发现，近30年来，工程治理区气温显著上升，降水和湿润指数总体下降，位于该区东部的部分区域已经由亚湿润干旱区变为干旱区（孙斌等，2014）。此外，不合理的人类活动和土地利用方式的转变也在一定程度上影响了工程的治理成效，如浑善达克沙地治理区东部林地变草地和耕地、北方干旱草原治理区过度放牧导致草地退化、燕山丘陵水源保护区草地开垦和居民地扩张侵占耕地等问题（严恩萍等，2014）。综合以上因素，燕山丘陵水源保护区、浑善达克沙地治理区、北方干旱草原治理区可能受气候条件、人类活动等因素影响，工程治理效果和植被恢复状况相对较差，积极恢复治理这些区域的植被是维持工程区生态系统可持续性和稳定性的关键（杨艳丽等，2016）。

3）实地调研不足，造林模式不科学

工程实施过程中多以工程造林、项目驱动为主，不恰当或不明确的空间布局，导致了盲目开发、盲目保护，甚至是盲目造林。例如，不计成本在困难立地造林、石质山地造林、爆破造林，这些造林方式不会导致植被覆盖率提高，反而会导致环境趋于恶化（吴斌，2015）。以飞播造林为例，飞播造林是京津工程营造林规划的一项重要内容。但监测发现，在河北省、山西省和内蒙古自治区的大部分地区，飞播造林的效果不甚理想。有些地方为提高苗木成活率，未根据当地实际情况采取了模拟飞播造林或人工造林的方式。而在部分地区，因为面临检查验收等情况，虽然飞播造林的效果不理想，也不能改变造林方式（王亚明，2010）。

4）工程区林地产出低，后续产业发展缺乏政策扶持

随着工程实施年限的增加，工程区灌草植被等资源日渐丰富，但因缺乏政策支持，导致资源利用不及时和浪费。且由于灌木利用率低，农牧民从生态建设中直接获得的经济效益少，种植和保护灌木资源的积极性严重受挫，林牧、林农矛盾突出已成为制约京津工程的瓶颈，在很大程度上制约着工程的稳定可持续发展（包云贺，2015）。

5）生态建设投入不足，后期管护难度加大

以山西省为例，经测算，全省人工造林成本约为 7500 元/hm²，有的地方甚至更高，而国家每公顷投资 1800 元，与实际需要相差较大。同时，在工程实施中，政策宣传、外业调查、规划设计、检查验收等多项管理费用支出较大，现行 1% 的工程管理费已不能满足工程建设的需要。而大多数地方政府财力有限，市、县级多数无力配套，给工程的实施和管护造成较大困难。工程实施地域较广，特别是退耕还林（草）政策的实施，使工程区林草盖度大幅度增长，在生态环境得到改善的同时，也加大了森林防火任务，工程后期的管护难度也在逐年增大（王亚明，2010；张予等，2015）。

7.4.2　京津工程固碳增汇的提升途径和措施

针对影响京津工程固碳增汇效应发挥的障碍因素，可相应从选择科学合理的治理方式、因地制宜、适地适树、加大投入力度、建立生态补偿机制等方面来提升工程的固碳增汇潜力。

1）选择科学合理的治理方式

工程实施过程中应选择合理的治理方式，在退耕地、宜林荒山荒沙荒地，以及受风沙危害的城镇、村庄、农田、草牧场、部队营区、工矿区、公路、铁路、水利设施等地段，应尽快采取人工造林技术措施防止或减轻风沙侵袭和危害。

在一定面积内具有一定密度和天然繁殖能力的针叶树和阔叶树，或具有分布较为均匀的针叶树、阔叶树幼苗，或具有分布较均匀、萌蘖能力较强的一定密度乔木或灌木根株，可实施封沙（山）育林（草）。具有相对集中连片的宜播面积且具有适合飞播的自然、地形和技术条件，可考虑进行飞播造林治沙（国家林业局，2014c）。

2）因地制宜，因林施策

在风沙危害和水土流失严重但生态区位重要的地段，宜营造防护林；在流动、半固定沙地（丘）、风沙危害的沙化土地及受风沙危害的区域，宜营造防风固沙林；在风沙危害严重的农牧区，宜营造农田草牧场防护林；在有土壤侵蚀的坡面、侵蚀沟等地，宜营造水土保持林；在河川上游、湖库周围，以及大、中等城市水源地集水区和水源地保护地带，宜营造水源涵养林；在公路和铁路沿线、河渠湖库周边，宜营造护路林或护岸林，亦可与防风固沙林、农田草牧场防护林、水土保持林、水源涵养林相结合的方式进行配置。另外，立地条件较好的地段，在保证整体生态效益的前提下，提倡发展经济林，适当发展用材林、特种用途林等（国家林业局，2014c；赵丽娜，2016）。

坚持适地适树的原则，根据宜林地立地条件与树种生态学特性的一致性及苗源丰富程度、固沙效果和利用价值选择树种，且应多以乡土树种为主（Liu et al., 2013；Shen et al., 2014）。燕山丘陵水源保护区是工程中最适宜开展植树造林的地区之一，地带性植被是落叶阔叶林。在工程实施过程中，应选择以辽东栎（*Quercus wutaishanica*）、蒙古栎（*Q. mongolica*）、槲栎（*Q. aliena*）、麻栎（*Q. acutissima*）、栓皮栎（*Q. variabilis*）等落叶栎类，白桦（*Betula platyphylla*）、山杨（*P. davidiana*）、榆树（*Ulmus pumila*）等小叶落叶树种合理配置营造落叶阔叶林，同时注重林灌结合，增加荆条（*V. negundo*）、胡枝子（*Lespedeza bicolor*）、山杏（*Armeniaca sibirica*）等落叶灌丛的种植与更新（杨帆，2015）。

浑善达克沙地是北京市主要的沙尘源之一。工程实施中应加大对灌草植被的保护与种植，并抓紧一切宜林生境进行还林和造林工作（辛托娅和王胜兴，2005）。重点对大针茅（*Stipa grandis*）、克氏针茅（*S. sareptana*）和针茅（*S. capillata*）等禾草植被进行保护和培育，以旱生小灌木冷蒿（*Artemisia frigida*）为主的草原群落建设为辅，构建生态屏障。草场具体建设过程中要统筹考虑雨水资源的开发与利用，缓解水资源压力，控制好经济与生态之间的平衡，从而扭转过度放牧导致的草原退化、沙化加剧的局面（伟新其木格等，2011）。

北方干旱草原治理区应通过改变传统牧业方式以及加强植被保护、严禁土地开垦等措施，控制人为因素对本区生态环境的破坏（谷春莲等，2004）。对土地沙化严重地区要坚决实行退耕还草，可选择毛刺锦鸡儿（*Caragana tibetica*）、短花针茅（*S. breviflora*）、冷蒿（*Artemisia frigida*）等荒漠草原植物进行生态修复（赛胜宝，2001）。在水资源较丰富的地区适当营造农田防护林和草场林网，建设防风沙屏障。根据水资源分布尤其是以小流域为单元，针对性地开展沙漠化治理，因地制宜搞好水池、水窖等集雨节灌工程，推广草田轮作、免耕法、留茬等农耕措施，加大封育治理力度，积极推行封山封沙育林，加快恢复荒漠植被（吴绍洪等，2001）。

3）加大投入力度，建立生态补偿机制

由于连续多年的工程建设，大面积、立地好的坡面立地基本被治理到位，剩下的治理区域立地条件差、土层浅薄，治理难度较大，需要适当提高定额标准。近年来，物价持续上涨，劳动力、材料成本上涨明显，现有投资标准明显偏低。此外，受气候条件等因素影响，一次性治理很难保证质量，须增加后期补植、补造和管护投入，才能更有效地保证工程建设成效（李伟，2016）。

近年来，国家和地方各级政府在京津工程治理金融扶持、补助补偿及权益保护等方面尚没有专门的优惠政策，特别是生态补偿机制、稳定投入机制亟待建立，社会各方面参与工程治理的积极性还未得到积极调动，需要从国家层面做好顶层设计，尽快建立完善的生态补偿机制，探索多种形式的生态补偿途径，形成长效机制，落实生态补偿资金（吴斌，2015；李伟，2016）。

7.5　退牧还草工程增汇潜力的提升途径和措施

为遏制我国西部地区天然草地加速退化的趋势，促进草地生态修复，党中央、国务院作出重大决策，于 2003 年 1 月 10 日全面启动国家生态建设重点工程——退牧还草工程。退牧还草工程是指在退化的草原上通过围栏建设、补播改良以及禁牧、休牧、划区轮牧等措施，使天然草场得到休养生息，达到草畜平衡，改善草原生态，提高草原生产力，实现草原资源的永续利用，建立起与畜牧业可持续发展相适应的草原生态系统，促进草原生态与畜牧业协调发展而实施的一项草原基本建设工程。工程主要在内蒙古、新疆、青海、甘肃、四川、西藏、宁夏、云南及新疆生产建设兵团实施（农业部，2003）。自工程实施以来，中央累计投入资金 235.7 亿元，完成围栏建设任务 7060.76 万 hm^2，退化草地补播改良 1856.64 万 hm^2，人工饲草地建设 38.8 万 hm^2，针对性草地治理 136.02 万 hm^2（刘源，2016）。工程区内植被逐步恢复，生态环境明显改善，碳汇能力逐渐增强（徐斌等，2012）。

7.5.1　退牧还草工程固碳效应的限制因素

虽然退牧还草工程提升了草原的固碳能力，但是由于工程在具体实施过程中存在技术上和政策上落实及推进困难的问题，导致工程固碳增汇能力不能完全发挥，主要表现在如下几个方面。

1）实施禁牧、休牧、划区轮牧未能因地制宜

在实施禁牧、休牧、划区轮牧中，如何根据实施地区不同气候、不同畜种及草地现状（如草地水资源、草地生产力、植被覆盖度、草地退化沙化程度、草地保护区状况等），制定相应的实施技术标准，是工程规划面临的首要问题。例如，一些地区技术标准不合理，出现须禁牧、休牧区域未能实现，而无须禁牧、休牧

反而纳入其范围的情况，达不到保护和恢复草地的目标（刘荣，2010）；在划区轮牧中不顾空间异质性地采取统一标准，限制工程固碳效益的发挥（乌兰巴特尔，2004）。另外，围栏的使用中，集中连片的围栏设计，会打乱传统的轮牧秩序，在无形中增加草地放牧时间，反而降低草地的固碳能力（聂学敏，2008）。

2）人工饲草资源利用不充分

人工饲草地的建立可以大大分担放牧压力，使草地得到恢复、喘息的机会，保持草地固碳增汇能力的稳定发挥。但是，人工饲草地在种植上草种单一，且中、短寿命品种牧草占相当大比例，尤其是草木樨（*Melilotus suaveolens*）和沙打旺（*Astragalus adsurgens*）最多，其利用年限较短。即使在有效利用期内，由于不能及时收割或收割后未能及时加工转化储藏，造成大量饲草干枯、产生浪费（刘秀莲，2004），反过来加大天然草地放牧压力，限制工程的固碳效应。

3）草地治理模式单一

在一些地区，草地退化引起的固碳能力降低除过度放牧以外，还与特殊的草地类型治理模式不全面有关。例如，对于石漠化草地（如贵州、云南、广西、湖南、湖北、重庆、四川、广东等地）、"黑土滩"重度退化草地（如青藏高原、三江源区、江河源区等地）和毒草草地（如新疆、宁夏、西藏等地）等未能完全做到根据实际情况设计相应的治理模式和工程量（陈国明，2005；杨振海，2008；马仁萍，2016），限制了这些具有不同类型草地的地区固碳效益的发挥。

4）国家补偿机制不健全，退牧还草成本高，牧民收入下降

我国关于农业生态补偿的法律法规体系还相对薄弱，对各利益相关者权利和义务责任的界定，对补偿内容、方式和标准的规定尚不明确，生态补偿组织体系尚不健全。在资金方面，作为公共服务之一的生态补偿并没有成为财政转移支付的重点，且在补偿标准的制定上，往往采用"一刀切"的形式，没有完全遵循分类补偿的原则（王欧，2006）。此外，补偿期限较短和标准较低，这在以往的许多调查中不难发现，只有少数农牧民对生态补偿政策表示满意，部分地区农牧民对生态补偿标准的公平性和补偿模式的合理性提出了质疑。与此同时，补助标准普遍低于农牧户平均收入水平，难以调动农牧民参与生态保护建设的积极性，直接影响退牧还草工程目标的实现（刘宇，2010；海力且木·斯依提等，2012）。有研究发现工程实施过程中属于国家的工程补助粮款大部分都能按时、保质、保量兑现，但同时由地方政府自发组织的项目饲料补贴款发放存在拖欠现象（刘宇，2010；李晓宇和林震，2011）。

此外，退牧还草除涉及围栏建设外，还必须使草原畜牧业从传统的放牧方式

转变为舍饲和半舍饲的生产方式，这涉及一系列的基础设施建设问题，所需资金远远大于退牧还草资金，但国家只对休牧围栏进行补贴，对其他基础设施建设没有提供专项补偿资金，同时地方配套资金到位率也比较低，需要农牧民自筹资金解决，这极大地增加了农牧民的负担。因此，有的农牧户减少了牛羊的饲养量，有的则选择了"偷牧"，导致工程实施效果不佳（刘宇，2010）。

7.5.2 退牧还草工程固碳增汇的提升途径和措施

综合上述提到的问题，退牧还草工程的发展及其固碳能力主要受具体技术措施的实施不合理以及相应补偿机制不健全的影响，解决这些问题可以通过科学规划实施技术措施、补充完善各项补偿机制等方式。

1）合理实施禁牧、休牧、划区轮牧

禁牧、休牧、划区轮牧的实施应在"保护优先"的前提下，本着因地制宜、分类指导、宜禁则禁、宜休则休、宜轮则轮的草原资源合理利用原则，科学规划禁牧、休牧、划区轮牧的方式和期限（吉布胡楞，2005）。制定实施技术标准的指标时需要考虑水源、草地生产力、草地超载水平、草地退化沙化的状况、农牧民实际生活水平和发展问题以及标准的可操作性（吉布胡楞，2005）。

禁牧围封具有成本低、见效快，且简便易行等特点，已广泛使用于国内外退化草地的恢复与重建（Armitage et al.，2012），在对禁牧的应用中，许多地区都取得了较好的效果。例如，在藏北地区，禁牧5年不仅可维持较高的高寒草甸生物多样性，而且还能够明显提高高寒草甸可利用生物量（许中旗等，2008；张伟娜等，2013）；在内蒙古地区，禁牧后不同草地类型中植物群落和草地经济效益有所增加（腾巍巍和张勇娟，2016），而且典型草原植被盖度和高度增加，土壤种子库物种组成和种子库规模得到恢复（刘国荣等，2006；仝川等，2008），提高了天然草地的草地生产力，增加了草地碳汇（王丽娟等，2005；闫玉春和唐海萍，2007）。在青海地区，禁牧封育对恢复高寒草甸和高寒沼泽化草甸退化草地植被有明显的效果——草地盖度、高度和产草量明显增加（张东杰和都耀庭，2006）。针对四川西北地区亚高山高寒草甸群落的研究表明，围栏草地具有比放牧草地更复杂的群落结构（石福孙等，2007）。合理的禁牧对植被恢复以及增加碳汇有很大的贡献，禁牧主要应在草地严重退化沙化、生态脆弱、经济落后和草原重点保护区实施（宝希吉日，2009），根据流域和土壤类型划定常年禁牧区，将自然保护区、牧区大面积严重沙化草场确定为常年禁牧区（乌兰巴特尔，

2004）。此外，对围栏禁牧作用要有全面客观的科学认识，把握围封禁牧时间尺度，发挥其在退化草地恢复中的作用，避免由于利用不当而对草原产生负面影响（闫玉春和唐海萍，2007）。

草原休牧是国家近年来在广大牧区实施的一项草原生态保护的重要措施，其成本投入低，见效快，生态安全保障性强，不仅能够有效地解除放牧压力，缓减草畜矛盾，更能改善植物生存环境，使草地群落得以自然恢复。在新疆地区，季节性休牧能促进草地修复，避免了植物在返青期和结实期受放牧活动的干扰，对植物生长繁育起到很大的保护作用（古伟容等，2013），休牧后的草地在生物量、盖度、高度等方面较高（孙小平和杨伟，2005）；在内蒙古地区，春季休牧可以有效地保护草原生态环境，经过 2 个月的休牧，草原植被状况明显改善（李青丰等，2005）。休牧 2~3 年后，草地地上和地下碳储量增加（褚文彬等，2008），土壤含水量增加（运向军等，2010），这有利于有机质的输入和有机碳的累积，使草原土壤微生物代谢功能增强，土壤微生物繁殖快、数量大，从而促进土壤微生物量碳、氮含量的增加，提高土壤植被系统碳储量、增加碳汇（李玉洁等，2013a）；在青藏高原，全生长季休牧是提升高寒草甸草原生产力的重要措施之一（李文等，2015）。但长时间的完全休牧会使个体形态指标、生物量和密度等降低，不利于植物再生和幼苗形成，也不利于草地群落生产力的增加。因此，休牧的起始期以及休牧期延续时间应视各地的草地类型、土地基本情况、气候特点、植物种类以及草层特征的不同因地制宜（李玉洁等，2013b）。

划区轮牧适合各种类型的草地，不受季节和时间的限制，是广为采用且效果较好的草地管理利用方法（李青丰，2005）。划区轮牧植物群落盖度、高度和密度显著高于自由放牧群落（卫智军等，2000，2004），其显著提高群落多样性和优势种比例（王贵珍等，2015），使草群盖度显著高于季节性连牧，牧草质量较好（章祖同等，1991），利于草地植物补偿性生长优势的发挥和草地产量的提高（卫智军等，2004），具有很大的优越性（韩国栋等，1990），是实现草地资源持续利用的有效途径之一（李勤奋等，2003）。划区轮牧的实施，需根据具体的产草量来确定相应的载畜量，用拔节期来指示春季放牧时间，根据牧草被采食后开始恢复再生的时间决定放牧时长，利用放牧间隔日来决定放牧频次，并根据具体的载畜量和草原面积确定相应的区块数及区块面积（周道玮等，2015），最大限度发挥草地的固碳效应。

2）充分利用人工饲草地，缓解天然放牧对固碳增汇的压力

为了缓解草畜矛盾，实现畜牧业持续健康发展，建立人工草地必不可少（巴

哈提古丽和陈力，2011）。人工草地是牧业用地中集约化程度最高的类型之一，需扩大人工草地面积，提高饲草的总体产出水平，减轻大面积草原的供畜负担（杨华和安沙舟，2004），从而预防草场超载过牧和退化（张江玲等，2011）。在人工草地种植及利用上，需选择寿命长且利用价值较高的禾本科牧草与豆科牧草进行混播，并根据不同品种和适宜收获期进行合理的调制储存，及时有效地进行青刈、青贮、调制青干草或加工成草粉和草颗粒（刘秀莲，2004）。

3）针对不同草地类型研发具体治理模式

不同草地类型其治理模式不同，应根据我国主要草地类型（如石漠化草地、"黑土滩"草地和毒害草草地等）研发针对性治理措施。

石漠化草地是指亚热带、热带湿润岩溶地区，土壤严重侵蚀、基岩大面积裸露、地表呈石质化的土地退化现象。针对石漠化程度不同，可采取3种技术路线。一是"围、封、改"，即通过围栏封育改良草地，治理重度石漠化草地；二是"退、建、复"，即通过退一年生饲料作物，建多年生优质豆科牧草地，恢复地力，防止水地流失，治理中度石漠化草地；三是"引、替、除"，即引草入田，利用冬闲田种一季牧草，引进优良牧草合理建植高产优质人工草场，治理轻度石漠化草地（杨振海，2008）。

"黑土滩"是指在青藏高原以嵩草属（*Kobresia*）植物为主要建群种的高寒草甸或草地严重退化后演变成的大面积"秃斑地"（次生裸地）。治理"黑土滩"应注重防治鼠害（陈国明，2005），并采用耕、耙、播种、耱、施肥等农艺措施，建成适宜机械作业的饲草生产基地。在建植人工群落时，需要进行适当的上繁草与下繁草（特别是根茎型草种）混播，有利于形成永久的草皮层和稳定的人工群落，对防止人工群落退化和水土流失起到良好的作用（李希来和黄葆宁，1995；戴海珍，1997；尚永成，2001；逯庆章和王鸿运，2007；王宝山等，2007；马青山，2009）。

草原毒害草大量繁殖占据了可食牧草的大部分生长空间，造成草地产草量下降，严重影响着草原畜牧业的发展（李宏等，2010），毒害草的滋生繁衍是草地退化的一个重要标志（阿德力·麦地等，2013），需针对不同地区不同毒草类型，确定合理的基础措施，科学有效地治理毒害草（王文香等，2009；安沙舟等，2010；佟玉莲，2011；马丽和莎依热木古丽，2012）。

4）健全补偿机制，提高补偿标准，改善民生

进一步完善我国农业生态补偿法律法规的建设，同时健全生态补偿组织体系，以解决补偿主体、补偿依据、补偿数量、补偿形式、补偿途径、补偿征收与

流通、补偿使用、补偿监管等诸多环节的问题，确保生态补偿顺利展开，防止缺乏专门的组织管理体系引起相关部门工作负担加重，给生态环保工程的实施造成阻碍。充分利用市场经济，实施市场化管理与运作，确保以灵活方式筹集资金和尽可能实现补偿金扩增。建立有利于草原生态保护建设的财政转移支付制度，在国家财政转移支付项目中，增加农业生态补偿项目，用于农业生态环境的保护和建设补偿。在制定补偿标准时，避免"一刀切"，须根据分类指导政策，遵循分类补偿原则，增加对重要农业生态建设的补贴力度。在实施生态补偿时，对实施区域进行科学分类，明确不同区域的资源禀赋情况，结合不同补偿对象，遵循实施区域"以产定补"、当地群众"以失定补"的原则，根据工程区群众生产和生活的需要制定合理的补偿标准；在对草地所提供的生态服务的类型进行分类的基础上，通过评价生态系统服务功能价值，进一步完善生态补偿机制，确保生态与经济的可持续发展（王欧，2006）。

7.6 总结与展望

近20年来，天保工程的实施取得显著成效。主要表现在：森林生态系统趋于稳定，森林蓄积量明显增加，森林"碳汇"功能巨大。但是，在工程实施过程中常忽视森林经营管理、不重视林木抚育，导致天然次生林或人工林林分密度过大，林木种间、种内竞争激烈，不利于目标树种或林分的成材、成林，严重限制了天保工程的固碳效应及碳增汇潜力的提升。天保工程仍然具有巨大的碳汇空间，提升工程碳增汇潜力，因地制宜、因林施策、封抚结合是发挥工程在碳增汇方面作用的最基本技术途径。首先，在降水量相对较少的地区，仍应实施禁伐封育措施，增加森林植被覆盖率，提高天然林固碳能力。其次，在降水充沛、森林生长迅速且已形成过密林分的工程区，应改善和提高森林经营管理水平，加强林木抚育，提高单位面积森林蓄积量。最后，保障天保工程固碳增汇效应的发挥，还应减少森林生态系统碳的输出量，即减少森林生态系统固定碳元素的排放，包括减少林地破坏、减少森林火灾、加强各种林产品的循环再利用。以上措施的有效实施，是我国提高森林碳固持潜力，应对全球气候变化的根本举措。

30多年来，"三北"及长江流域等防护林体系建设工程取得了显著的成就，大大缓解了中国西北地区的风沙危害和南方地区的洪涝灾害，增加了工程区的森林覆盖率，保障了当地人民的生产及生活。但同时也应当看到，由于时间跨度较大，自然条件（技术措施）及社会经济变化（资金和政策）等因素在一定程度上限制了"三北"及长江流域等防护林体系建设工程的发展，进而影响了防护林固碳潜力的提升。因此，应加大对"三北"及长江流域等防护林体系建设工程的支持（包括政策保障和资金扶持），确保我国防护林建设工程的稳步发展，同时进行科学合理的造林，加强现有林分的管护和抚育，最终提高工程区植被的固碳能力，为我国生态建设事业增光添彩。

退耕还林（草）工程的实施实现了毁林（草）开垦向退耕还林（草）的历史性转变，是改善我国生态环境的重点工程之一。退耕还林（草）工程实施近20 年来，我国林（草）地面积逐步增加、森林（草地）质量逐步提高，森林蓄积量逐年增加，农村产业结构合理调整，农民收入有所增加，生态环境得到改善，给退耕区带来了巨大的经济效益和社会效益。但由于工程涉及区域广、民众多、情况复杂等因素，致使工程开展过程中还存在一些制约因素，限制了工程区生态系统固碳效益等功能的发挥。因此，在后续工程开展中，要加大技术、资金和政策的投入，加强监管力度，确保工程能够优质、高效地进行。同时巩固已有工程成果，通过多种技术措施保障退耕还林（草）工程区生态系统能够充分发挥其固碳增汇效应，改善生态环境。

京津风沙源治理一期工程实施以来，工程区森林植被面积明显增加，风沙天气和沙化土地显著减少，空气质量得到改善，取得了较好的生态、社会、经济效益。但在工程实施过程中，由于存在工程区气候及地理环境复杂、工程资金投入不足、后续产业发展缺乏政策扶持等问题，影响了工程固碳增汇效益的最大化。在实施京津风沙源治理二期工程的过程中，要吸取一期工程的经验教训，遵循自然规律，选择科学合理的治理方式，因地制宜，因林施策，加大投入力度，建立生态补偿机制，努力促进农牧业结构调整和生产方式转变，注重体制机制创新，进而提高工程的固碳增汇等综合效益。

西部天然草地是我国西部地区重要的生态防线，自 2003 年退牧还草工程全面实施以来，草原生态保护建设成效显著，全国天然草原鲜草产量、综合植被盖度与高度均呈现增加趋势，切实提高了草原生产力，有效地改善了生态环境，促进了生产方式和生产结构的转变。但由于政策在实施过程中对各地方的针对性措施的落实和推进不完善，限制了退牧还草工程的发展，阻碍了草原生态系统固碳增汇能力的提升。因此，推进建立健全禁牧休牧、划区轮牧、草畜平衡、人工饲草地建设、针对性草地治理、草原生态保护补助奖励机制政策以及草原围栏、牧民牲畜舍饲棚圈建设等各项保护制度，转变牧区草原畜牧业发展方式，加大政策实施、督导和调研，加强政策落实绩效管理，将有效促进和提升西部地区退牧还草工程天然草地的修护及植被固碳增汇能力。

参 考 文 献

阿德力·麦地，柳妍妍，古丽努尔，等．2013．乌鲁木齐县天然草地毒害植物初步调查及防治对策．干旱区研究，30（6）：1044-1048.

安长生．2009．抚育间伐对小陇山林区日本落叶松人工林生长的影响．甘肃科技，25（8）：155-156.

安沙舟，李宏，李学贤，等．2010．新疆伊犁河谷天然草地毒害草种类分布及防治对策．新疆农业科学，47（3）：540-542.

巴哈提古丽，陈力．2011．喀什地区人工饲草料地建设发展对策．草业与畜牧，（2）：60-62.

包云贺．2015．论京津风沙源治理工程对改善民生的作用．现代农业，（3）：93.

宝希吉日．2009．锡林郭勒盟草地利用方式的实证分析：以锡林浩特市与阿巴嘎旗为例．呼和浩特：内蒙古农业大学．

蔡禹，关发瑞，蔡晓达．2010．透光抚育对张广才岭"栽针保阔"红松林群落生产力的影响．林业勘察设计，（1）：47-50.

曹东升．2011．中幼龄林抚育在现代林业中的应用．中国林业，（4）：40.

柴兵，范国儒，赵实，等．2015．辽宁省三北地区林分退化现状分析．辽宁林业科技，（5）：65-66.

陈国明．2005．三江源地区"黑土滩"退化草地现状及治理对策．四川草原，（10）：37-39，44.

陈辉，唐德瑞．1994．陕西省长江流域防护林体系建设实施对策．陕西林业科技，（3）：12-16.

陈力．2014．国家森林公园生态文化构建研究．武汉：湖北大学．

陈秀庭，李春，杨小兰，等．2011．广西珠江防护林体系建设现状与发展．林业调查规划，36（4）:90-92.

陈再福．2002．云南省长江防护林工程管理方法的利弊分析．西部林业科学，31（2）：70-73，82.

陈泽金，曹淑平，李继伟．2015．内蒙古商都县京津风沙源工程生态效益评估．中国市场，22：247-251.

谌红辉，方升佐，丁贵杰，等．2010．马尾松间伐的密度效应．林业科学，46（5）：84-91.

褚文彬，卫智军，运向军，等．2008．短花针茅荒漠草原土壤含水量和地上现存量对禁牧休牧的响应．中国草地学报，30（3）：106-109.

崔海兴．2007．退耕还林工程社会影响评价理论及实证研究．北京：北京林业大学．

崔向慧，卢琦．2012．中国荒漠化防治标准化发展现状与展望．干旱区研究，29（5）：919-919.

崔洋，陈晓光，常倬林，等．2012．宁夏林业生态建设固碳效应及其潜力估算．干旱区资源与环境, 26 (12): 186-190.

代力民, 王宪礼, 王金锡. 2000. 三北防护林生态效益评价要素分析. 世界林业研究, 13 (2): 47-51.

代玉波. 2011. 四川长江防护林体系建设发展战略初探. 四川林业科技, 32 (2): 70-74.

戴海珍. 1997. 青海高寒草甸退化草地——"黑土滩"形成原因分析与治理对策. 草与畜杂志, (1): 8-9.

戴晟懋. 2016. 京津风沙源治理工程生态效益评估: 以翁牛特旗为例. 环境保护科学, 42 (3): 70-74.

邓德明. 2006. 巩固退耕还林成果的建议. 湖南林业科技, 33 (2): 39-40.

邓加林, 潘庆牧, 何忠伦. 2008. 广元市曾家国有林区低质低效林分改造方法与技术. 四川林业科技, 29 (4): 93-94.

丁莉, 黄长艳, 张世平, 等. 2003. 恩施市退耕还林 (草) 状况分析. 湖北民族学院学报 (自然科学版), 21 (4): 36-40.

方精云, 黄耀, 朱江玲, 等. 2015a. 森林生态系统碳收支及其影响机制. 中国基础科学, 17 (3): 20-25.

方精云, 于贵瑞, 任小波, 等. 2015b. 中国陆地生态系统固碳效应: 中国科学院战略性先导科技专项"应对气候变化的碳收支认证及相关问题"之生态系统固碳任务群研究进展. 中国科学院院刊, 30 (6): 848-857.

龚维, 李俊, 何宇, 等. 2009. 发展林业碳汇推动三北防护林体系建设. 生态学杂志, 28 (9): 1691-1695.

古伟容, 张鲜花, 朱进忠, 等. 2013. 季节性休牧对不同放牧强度下草地植物群落特征的影响. 新疆农业科学, 50 (6): 1145-1149.

谷春莲, 周欢水, 赵贵锁. 2004. 京津风沙源治理工程干旱草原区沙产业发展战略思考. 内蒙古林业科技, 2: 30-32.

国家林业和草原局. 2019. 三北防护林体系建设 40 年 (1978–2018) 发展报告. 北京: 中国林业出版社.

国家林业局. 2002. 京津风沙源治理工程规划 (2001-2010 年). 北京: 国家林业局.

国家林业局. 2010. 珠江流域防护林体系建设三期工程规划技术方案. 中国林业网. http:// www.forestry.gov.cn/portal/main/s/198/ content-444938.html [2010-09-30].

国家林业局. 2011a. 中国荒漠化和沙化状况公报. 中国林业网. http://www.forestry.gov.cn/ main/69/content-831684.html [2015-12-29].

国家林业局. 2011b. 珠江流域防护林体系建设二期工程综述. 中国绿色时报. http:// www.forestry.gov.cn/main/417/content-553796.html [2011-08-22].

国家林业局. 2013. 长江流域防护林体系建设三期工程规划. 中国林业网. http:// www.forestry.gov.cn/portal/main/s/216/content-595225.html [2013-04-10].

国家林业局. 2014a. 第八次全国森林资源清查 (2009-2013 年). 北京: 国家林业局.

国家林业局.2014b. 新一轮退耕还林启动我国全面深化改革又一重大突破. 中国绿色时报.
　　http://www.greentimes.com/green/ news ［2014-10-21］.

国家林业局.2014c. 京津风沙源治理二期工程林业建设项目技术规定. 中国林业网.http://
　　www.forestry.gov.cn/main/72/content-651245.html ［2014-01-06］.

国家林业局发展规划与资金管理司.2011.2010 年全国林业统计分析报告. 林业经济，1：
　　43-57.

国家林业重点工程社会经济效益监测项目组.2012.2011 国家林业重点工程社会经济效益监测
　　概要. 林业经济，1：68-72.

海力且木·斯依提，朱美玲，蒋志清.2012. 草地禁牧政策实施中存在的问题与对策建议：以
　　新疆为例. 农业经济问题，33（3）：105-109.

韩国栋，许志信，章祖同.1990. 划区轮牧和季节连续放牧的比较研究. 干旱区资源与环境，
　　4（4）：85-93.

何萍.2016. 河曲县退耕还林工程存在的问题及对策. 山西林业科技，45（1）：59-60.

何英.2006. 大兴安岭天然林保护工程碳汇潜力研究. 北京：中国林业科学研究院.

何英，张小全.2005. 天保工程中社会保障现状、问题及对策. 林业科学，41（4）：94-99.

贺庆棠.1993. 森林对地气系统碳素循环的影响. 北京林业大学学报，15（3）：132-137.

洪家宜，李怒云.2002. 天保工程对集体林区的社会影响评价. 植物生态学报，26（1）：
　　115-123.

洪雪，姜春艳，郑晓东，等.2011. 关于"三北"平原地区杨树苗期主要病虫害防治方法的研
　　究. 黑龙江科技信息，23：231.

胡方彩，温佐吾，汪杰.2011. 抚育间伐对光皮桦次生林生长的影响. 山地农业生物学报，
　　30（2）：131-135.

胡国俊，杨明，王佰彦，等.2005. 试论杨树与柠条的混交造林. 防护林科技，3：62-62.

胡会峰，刘国华.2006a. 中国天然林保护工程的固碳能力估算. 生态学报，26（1）：291-296.

胡会峰，刘国华.2006b. 森林管理在全球 CO_2 减排中的作用. 应用生态学报，17（4）：
　　709-714.

胡建忠.2006."三北"地区沙棘属植物的区域化种植开发探讨：Ⅰ. 沙棘属植物的分布及种
　　植开发的区域化要求. 水土保持研究，13（1）：4-7.

黄麟，曹巍，巩国丽，等.2016.2000—2010 年中国三北地区生态系统时空变化特征. 生态学
　　报，36（1）：107-117.

姬惜珠，王红，张爱军.2005. 三北防护林中杨树的碳汇和放氧功能及其价值估算. 河北林果
　　研究，20（3）：217-219.

吉布胡楞.2005. 赤峰市封育禁牧工作调研报告. 草原与草业，17（1）：41-43.

贾怀东.2014. 三北防护林之殇. 中国军转民，5：76-78.

江泽慧.1999. 林业生态工程建设与黄河三角洲可持续发展. 林业科学研究，12（5）：
　　447-451.

蒋淑云 . 2016. 三北防护林建设的对策研究 . 黑龙江科技信息, 2: 237.

鞠洪波 . 2003. 国家重大林业生态工程监测与评价技术研究 . 西北林学院学报, 18 (1): 56-58.

孔凡斌 . 2004. 退耕还林（草）工程政策问题分析与优化建议 . 林业科学, 40 (5): 62-70.

赖家琮 . 1984. 杨树刺槐混交林的培肥改土作用 . 土壤通报, 3: 14-15.

雷相东, 陆元昌, 张会儒, 等 . 2005. 抚育间伐对落叶松云冷杉混交林的影响 . 林业科学, 41 (4):78-85.

李代琼, 吴钦孝, 张军, 等 . 2009. 俄罗斯沙棘优良品种引种试验研究 . 国际沙棘研究与开发, 7 (1): 10-20.

李宏, 陈卫民, 陈翔, 等 . 2010. 新疆伊犁草原毒害草种类及其发生与危害 . 草业科学, 27 (11):171-3.

李萍 . 2015. 三北防护林体系的生态效益评价指标 . 现代园艺, 18: 167-168.

李勤奋, 韩国栋, 敖特根, 等 . 2003. 划区轮牧制度在草地资源可持续利用中的作用研究 . 农业工程学报, 19 (3): 224-227.

李青丰 . 2005. 草地畜牧业以及草原生态保护的调研及建议（1）：禁牧舍饲、季节性休牧和划区轮牧 . 内蒙古草业, 17 (1): 25-28.

李青丰, 赵钢, 郑蒙安, 等 . 2005. 春季休牧对草原和家畜生产力的影响 . 草地学报, 13 (A1): 53-56, 66.

李润良, 薛兆琨 . 2011. 论樟子松在三北地区引种的必要性与可能性 . 中国科技博览, 2: 312-312.

李世东 . 1999. 中国林业生态工程建设的世纪回顾与展望 . 世界环境, 4: 41-43.

李世东, 翟洪波 . 2004. 中国退耕还林综合区划 . 山地学报, 22 (5): 513-520.

李淑英, 包庆丰 . 2012. 关于内蒙古自治区沙区碳汇研究的几点思考 . 内蒙古农业大学学报（社会科学版）, 14 (2): 71-72.

李硕龙 . 2005. 森林碳汇经济问题研究 . 哈尔滨: 东北林业大学 .

李伟 . 2016. 围场县京津风沙源治理水利工程建设的经验与做法 . 科技传播, 3: 116, 125.

李文, 曹文侠, 徐长林, 等 . 2015. 不同休牧模式对高寒草甸草原土壤特征及地下生物量的影响 . 草地学报, 23 (2): 271-276.

李希来, 黄葆宁 . 1995. 青海黑土滩草地成因及治理途径 . 中国草地, 17 (4): 64-67, 51.

李晓宇, 林震 . 2011. 退牧还草政策执行过程中的问题及建议 . 内蒙古农业科技, 39 (1): 1-2.

李新艺, 贺蕾 . 2011. 黄土高原低效林分改造技术初探 . 陕西林业, 4: 31.

李玉洁, 李刚, 宋晓龙, 等 . 2013a. 休牧对贝加尔针茅草原土壤微生物群落功能多样性的影响 . 草业学报, 22 (6): 21-30.

李玉洁, 宋晓龙, 于雯超, 等 . 2013b. 休牧对草原生态系统影响研究进展 . 农业环境与发展, 30 (4): 62-71.

刘冰，龚维，宫文宁，等．2009．三北防护林体系建设面临的机遇和挑战．生态学杂志，28（9）：1679-1683．

刘国华，傅伯杰，方精云．2000．中国森林碳动态及其对全球碳平衡的贡献．生态学报，20（5）：733-740．

刘国荣，松树奇，刘国良，等．2006．禁牧与放牧管理下典型草地植被变化．内蒙古草业，18（1）：17-22．

刘平．2014．国家新一轮退耕还林还草政策解读．云南林业，47-49．

刘荣．2010．依托退牧还草项目鄂尔多斯实施禁牧，休牧，划区轮牧快速恢复草原生态．内蒙古草业，22（4）：14-17．

刘淑玲．2012．辽西北地区林草及林药综合开发技术研究．防护林科技，1：39-42．

刘硕．2009．北方主要退耕还林还草植被演替态势研究．北京：北京林业大学．

刘松春，牟长城，屈红军．2008．不同抚育强度对"栽针保阔"红松林植物多样性的影响．东北林业大学学报，36（11）：32-35．

刘秀莲．2004．乌兰察布盟2003年禁牧、休牧工作调研报告．草原与草业，2：12-13．

刘宇．2010．内蒙古地区退牧还草工程的效益评价及问题探析．牧草与饲料，4（3）：10-12．

刘源．2016．2015年全国草原监测报告．中国畜牧业，6：18-35．

卢航，刘康，吴金鸿．2013．青海省近20年森林植被碳储量变化及其现状分析．长江流域资源与环境，22（10）：1333-1338．

卢军伟．2008．浅谈山区天然林的生态效益．中国林业，5：41-42．

陆迁，孟全省．2005．退耕还林（草）工程建设中存在问题及对策．西北林学院学报，20（4）：189-192．

陆文秀，刘丙军，陈晓宏，等．2013．珠江流域降水周期特征分析．水文，33（2）：82-86．

逯庆章，王鸿运．2007．人工种草治理"黑土滩"模式的构思与探讨．青海草业，16（3）：18-22．

吕竟斌，张秋良，于楠楠，等．2012．蛮汉山油松及华北落叶松抚育间伐对土壤理化性质及微生物影响．林业资源管理，4：74-79，85．

骆土寿，陈永富．2000．海南岛霸王岭热带山地雨林采伐经营初期土壤碳氮储量．林业科学研究，13（2）：123-128．

马国青．2002．三北防护林区社会林业工程研究．北京：中国林业科学研究院．

马克平．2013．2012年中国生物多样性研究进展简要回顾．生物多样性，21（1）：1-2．

马丽，莎依热木古丽．2012．阿勒泰地区草地毒害草：乌头草的危害及防治．新疆畜牧业，3：60-61．

马青山．2009．泽库县"黑土滩"退化草地综合治理．草业科学，26（2）：161-163．

马仁萍．2016．青海省退牧还草工程实施成效评价．中国林业产业，5：228．

马文元．2016．三北防护林林分退化及更新改造调研报告（一）．林业实用技术，3：10-15．

苗普．2005．浅析三北防护林工程的制度缺陷．防护林科技，1：48-49．

苗普，韩纯君 . 2006. 对"十一五"期间三北防护林工程的战略思考 . 防护林科技，（3）：
    40-42.

聂学敏 . 2008. 黄河源区退牧还草工程绩效评价与对策研究 . 兰州：甘肃农业大学 .

潘攀，慕长龙，牟菊英，等 . 2004. 长江流域防护林林副产品综合开发利用途径综述 . 贵州林
    业科技，32（1）：13-19.

潘少军 . 2016. 三北防护林工程区森林覆盖率 13.02% . http：//sd. people. com. cn/n2/2016/
    1010/c172829-29116235. html［2016-10-10］.

秦淑琴，姚青 . 2003. 退耕还林工程建设中采取的主要造林技术措施 . 防护林科技，1：72-73.

秦兆顺 . 1994. 对珠江流域防护林体系建设的几点意见 . 广东林业科技，10（1）：37-38.

屈红军，牟长城 . 2008. 东北地区阔叶红松林恢复的相关问题研究 . 森林工程，24（3）：
    17-20.

赛胜宝 . 2001. 内蒙古北部荒漠草原带的严重荒漠化及其治理 . 干旱区资源与环境，15（4）：
    34-37.

尚永成 . 2001. 浅谈青海省"黑土滩"综合治理措施 . 青海草业，10（2）：25-26.

石福孙，吴宁，罗鹏，等 . 2007. 围栏禁牧对川西北亚高山高寒草甸群落结构的影响 . 应用与
    环境生物学报，13（6）：767-770.

宋文梅，陈千菊 . 2016. 秭归县新一轮退耕还林工程实施的问题 . 湖北林业科技，45（1）：
    77-79.

苏子友，何仕斌，潘发明，等 . 2010. 长江防护林工程建设农民满意度和期望值分析 . 四川林
    勘设计，3：60-62.

孙斌，高志海，王红岩，等 . 2014. 近 30 年京津风沙源区气候干湿变化分析 . 干旱区资源与环
    境，28（11）：164-170.

孙枫 . 2003. 浅析灌木造林在三北工程建设中的地位与作用 . 林业经济，8：53-54.

孙鸿烈，张荣祖 . 2004. 中国生态环境建设地带性原理与实践 . 北京：科学出版社 .

孙庆来，卢估 . 2016. 三北工程"十三五"期间建设重点及对策 . 防护林科技，9：67-68，70.

孙小平，杨伟 . 2005. 围栏休牧对放牧草地恢复效果研究初报 . 新疆畜牧业，（6）：61-65.

唐璐 . 2011. 天保工程十年来的政府绩效分析及政策建议：以四川省天全县为例 . 成都：西南
    财经大学 .

唐守正，刘世荣 . 2000. 我国天然林保护与可持续经营 . 中国农业科技导报，2（1）：42-46.

腾巍巍，张勇娟 . 2016. 禁牧对乌鲁木齐市城市周边典型草地类型效益的影响 . 当代畜牧，21：
    62-66.

田育新，李锡泉，蒋丽娟，等 . 2004. 湖南一期长防林碳汇量及生态经济价值评价研究 . 水土
    保持研究，11（1）：33-36.

仝川，冯秀，张远鸣，等 . 2008. 锡林郭勒退化草原不同禁牧恢复演替阶段土壤种子库比较 .
    生态学报，28（5）：1991-2002.

佟玉莲 . 2011. 库鲁斯台草原毒害草的发生与治理 . 新疆畜牧业，7：61-62.

童书振，盛炜彤，张建国 . 2002. 杉木林分密度效应研究 . 林业科学研究，15（1）：66-75.

王宝山，尕玛加，张玉 . 2007. 青藏高原"黑土滩"退化高寒草甸草原的形成机制和治理方法的研究进展 . 草原与草坪，27（2）：72-77.

王宝山，任玉英，屈海林，等 . 2008. 湟源山坡地梯田退耕还林还草效果研究初报 . 草业科学，25（10）：139-143.

王兵，刘国彬，张光辉，等 . 2013. 黄土高原实施退耕还林（草）工程对粮食安全的影响 . 水土保持通报，33（3）：241-245.

王成，庞学勇，包维楷 . 2010. 低强度林窗式疏伐对云杉人工纯林地表微气候和土壤养分的短期影响 . 应用生态学报，22（3）：541-548.

王丹，郭泺，赵松婷，等 . 2015. 退耕还林工程对黔东南山区植被覆盖变化的影响 . 山地学报，33（2）：208-217.

王贵珍，花立民，杨思维，等 . 2015. 划区轮牧在高寒草甸冬春草场的适宜性初探 . 中国草地学报，37（5）：33-39.

王海涛 . 2014. 关于在三北五期工程造林中引种平欧杂种榛子的可行性分析 . 防护林科技，9：58-59.

王海燕，雷相东，张会儒，等 . 2009. 近天然落叶松云冷杉林土壤有机碳研究 . 北京林业大学学报，31（3）：11-16.

王建忠 . 2012. 长江流域防护林生态系统服务功能评估与宏观调控技术研究 . 武汉：华中农业大学 .

王丽娟，李青丰，根晓 . 2015. 禁牧对巴林右旗天然草地生产力及植被组成的影响 . 中国草地，27（5）：11-15.

王欧 . 2006. 退牧还草地区生态补偿机制研究 . 中国人口·资源与环境，16（4）：33-38.

王文香，桑格吉，李莉 . 2009. 新疆巴音布鲁克草原毒害草马先蒿防治技术研究 . 草食家畜，2：49-50.

王亚明 . 2010. 京津风沙源治理工程效益分析 . 生物多样性，9（3）：81-85.

卫智军，韩国栋，邢旗，等 . 2000. 短花针茅草原划区轮牧与自由放牧比较研究 . 内蒙古农业大学学报（自然科学版），21（4）：46-49.

卫智军，邢旗，双全，等 . 2004. 不同类型天然草地划区轮牧研究 . 北京：中国草业可持续发展战略论坛 .

伟新其木格，立平，高岭，等 . 2011. 浑善达克沙地治理技术初探 . 内蒙古林业，9：18-19.

乌兰巴特尔 . 2004. 实施禁牧、休牧制度，转变生产方式提高农牧民收入水平 . 草原与草业，4：45-48.

吴斌 . 2015. 关于京津冀生态保护和建设的几点思考：北京生态文化体系建设的战略思考 . 绿化与生活，4：38-43.

吴丹，巩国丽，邵全琴，等 . 2016. 京津风沙源治埋工程生态效应评估 . 旱区资源与环境，11：117-123.

吴庆标，王效科，段晓男，等．2008．中国森林生态系统植被固碳现状和潜力．生态学报，28（2）：517-524.

吴绍洪，郑度，杨勤业．2001．我国西部地区生态地理区域系统与生态建设战略初步研究．地理科学进展，20（1）：10-20.

肖波，王庆海，李翠，等．2011．黄土高原退耕复垦对土壤理化性状及空间变异特征的影响．西北农林科技大学学报（自然科学版），39（7）：185-192.

肖文发，雷静品．2004．三峡库区森林植被恢复与可持续经营研究．长江流域资源与环境，13（2）：138-144.

肖筱．2015．改造退化林分，科学造林营林，推进三北工程持续健康发展．国土绿化，9：8-9.

谢晨，谷振宾，赵金成．2014．我国林业重点工程社会经济效益监测十年回顾：成效，经验与展望．林业经济，1：10-21.

辛托娅，王胜兴．2005．浑善达克沙地及治理对策．内蒙古林业，3：10-11.

徐斌，陶伟国，杨秀春，等．2007．我国退牧还草工程重点县草原植被长势遥感监测．草业学报，16（5）：13-21.

徐斌，杨秀春，金云翔，等．2012．中国草原牧区和半牧区草畜平衡状况监测与评价．地理研究，31（11）：1998-2006.

许格希，史作民，唐敬超，等．2016．物种多度和径级尺度对于评价群落系统发育结构的影响：以尖峰岭热带山地雨林为例．生物多样性，24（6）：617-628.

许文强．2006．森林碳汇价值评价：以黑龙江省三北工程人工林为例．昆明：西南林业大学.

许中旗，李文华，许晴，等．2008．禁牧对锡林郭勒典型草原物种多样性的影响．生态学杂志，27（8）：1307-1312.

闫德仁，乐林．2010．内蒙古森林碳储量及其区域变化特征．内蒙古林业科技，36（3）：19-22.

闫玉春，唐海萍．2007．围栏禁牧对内蒙古典型草原群落特征的影响．西北植物学报，27（6）：1225-1232.

严恩萍，林辉，党永锋，等．2014.2000—2012年京津风沙源治理区植被覆盖时空演变特征．生态学报，34（17）：5007-5020.

严峰，董长生．2011．江西省珠江流域防护林体系二期工程建设成效评价．江西林业科技，44（3）：44-48.

晏健钧，晏艺翡．2013．陕西省长江流域防护林体系建设成效及存在问题和对策．陕西林业科技，6：48-51.

燕腾，彭一航，王效科，等．2016．西南5省市区森林植被碳储量及碳密度估算．西北林学院学报，31（4）：39-43.

杨帆．2015．我国六大林业工程建设地理地带适宜性评估．兰州：兰州交通大学.

杨华，安沙舟．2004．人工饲草料地生产效能的研究．干旱区研究，21（2）：150-156.

杨洁，左长清．2004．蔓荆在鄱阳湖风沙区的适应性及防风作用研究．水土保持研究，

11 (1)：47-49.

杨师帅，逯非，张路 . 2022. 天然林资源保护工程综合效益评估 . 环境保护科学，48 (5)：
　18-26.

杨先义，罗永猛 . 2007. 柳杉林抚育间伐强度试验研究 . 贵州林业科技，35 (4)：21-24.

杨小兰，张天明，童德文 . 2011. 广西珠江流域防护林体系建设现状与对策 . 林业调查规划，
　36 (5)：60-62.

杨艳丽，孙艳玲，王中良，等 . 2016. 京津风沙源治理区植被变化的可持续性分析 . 天津师范
　大学学报（自然科学版），36 (2)：47-53.

杨振海 . 2008. 加快岩溶地区草地建设步伐 实现草食畜牧业发展和石漠化治理双赢 . 草业科
　学，25 (9)：59-63.

袁喆，罗承德，李贤伟，等 . 2010. 间伐强度对川西亚高山人工云杉林土壤易氧化碳及碳库管
　理指数的影响 . 水土保持学报，24 (6)：127-131.

运向军，卫智军，杨静，等 . 2010. 禁牧休牧短花针茅草原地上现存量与土壤含水量的关系 .
　中国草地学报，32 (2)：75-9.

张东杰，都耀庭 . 2006. 禁牧封育对退化草地的改良效果 . 草原与草坪，26 (4)：52-54.

张江玲，储少林，吴枫 . 2011. 人工饲草料地建设在新疆牧区生态建设中的重要性 . 草食家畜，
　3：10-12.

张锦孚 . 2015. 关注自然生态 畅享森林氧吧 . 森林与人类，9：216.

张景光，王新平 . 2002. 甘宁蒙陕退耕还林（草）中的适地适树问题 . 中国沙漠，22 (5)：
　489-494.

张力小，何英 . 2002. 西部大开发退耕还林（草）的政策有效性评析 . 林业科学，38 (1)：
　130-135.

张力小，宋豫秦 . 2003. 三北防护林体系工程政策有效性评析 . 北京大学学报（自然科学版），
　39 (4)：594-600.

张林，王礼茂 . 2010. 三北防护林体系森林碳密度及碳贮量动态 . 干旱区资源与环境，
　24 (8)：136-140.

张伟娜，干珠扎布，李亚伟，等 . 2013. 禁牧休牧对藏北高寒草甸物种多样性和生物量的影响 .
　中国农业科技导报，15 (3)：143-149.

张喜 . 2001. 贵州省长江流域天然林分区和主要树种结构 . 山地学报，19 (4)：312-319.

张予，刘某承，白艳莹，等 . 2015. 京津冀生态合作的现状、问题与机制建设 . 资源科学，
　37 (8)：1529-1535.

张占荣 . 2016. 京津风沙源治理二期府谷县方案探析 . 陕西水利，4：184-186.

章忠 . 2008. 林粮间作促进杨树幼林生长的调查 . 安徽林业科技，1：30.

章祖同，许志信，韩国栋 . 1991. 划区轮牧和季节连牧的比较试验 . 草地学报，1：72-77.

赵丽娜 . 2016. 京津风沙源治理区造林工程问题及对策 . 中国林业产业，2：60.

郑江坤，王婷婷，付万全，等 . 2014. 川中丘陵区典型林分枯落物层蓄积量及持水特性 . 水土

保持学报，28（3）：87-91.

郑晓，朱教君.2013.基于多元遥感影像的三北地区片状防护林面积估算.应用生态学报，24（8）：2257-2264.

支玲，许文强，洪家宜，等.2008.森林碳汇价值评价：三北防护林体系工程人工林案例.林业经济，3：44-46.

中国林业工作手册编纂委员会.2006.中国林业工作手册.北京：中国林业出版社.

中国林业网.2011.中国三北防护林体系建设.http：//tnsf.forestry.gov.cn/［2013-05-08］.

中国社会科学院环境与发展研究中心.2001.中国环境与发展评论（第一卷）.北京：社会科学文献出版社.

周长东.2015.京津风沙源治理工程建设战略研究：以山西为例.林业经济，6：44-46.

周道玮，钟荣珍，孙海霞，等.2015.草地划区轮牧饲养原则及设计.草业学报，24（2）：176-184.

周立江.2011.长江防护林体系工程建设可持续性评价.四川林业科技，32（5）：8-13.

朱金兆，周心澄，胡建忠.2004.对"三北"防护林体系工程的思考与展望.水土保持研究，11（1）：79-85.

Armitage H F, Britton A J, van der Wal R, et al. 2012. Grazing exclusion and phosphorus addition as potential local management options for the restoration of alpine moss- sedge heath. Biological Conservation, 153：17-24.

Bennett M T. 2008. China's sloping land conversion program：Institutional innovation or business as usual? Ecological Economics, 65：699-711.

Canadell J G, Raupach M R. 2008. Managing forests for climate change mitigation. Science, 320：1456-1457.

Cui G, Lee W, Kim D, et al. 2014. Estimation of forest carbon budget from land cover change in South and North Korea between 1981 and 2010. Journal of Plant Biology, 57：225-238.

Delang C O, Yuan Z. 2015. China's Grain for Green Program. Switzerland：Springer International Publishing.

Deng L, Liu G, Shangguan Z. 2014a. Land-use conversion and changing soil carbon stocks in China's 'Grain-for-Green' Program：A synthesis. Global Change Biology, 20：3544-3556.

Deng L, Shangguan Z P, Sweeney S. 2014b. "Grain for Green" driven land use change and carbon sequestration on the Loess Plateau, China. Scientific Reports, 4：7039.

Don A, Schumacher J, Freibauer A. 2011. Impact of tropical land-use change on soil organic carbon stocks：A meta-analysis. Global Change Biology, 17：1658-1670.

Fang J, Chen A, Peng C, et al. 2001. Changes in forest biomass carbon storage in China between 1949 and 1998. Science, 292：2320-2322.

Guan F, Tang X, Fan S, et al. 2015. Changes in soil carbon and nitrogen stocks followed the conversion from secondary forest to Chinese fir and Moso bamboo plantations. Catena, 133：

455-460.

Guo Z, Hu H, Li P, et al. 2013. Spatio-temporal changes in biomass carbon sinks in China's forests from 1977 to 2008. Science China Life Sciences, 56: 661-671.

Kassas M, Rescuing D. 1999. A project for the world. Futures, 31: 949-958.

Liu D, Chen Y, Cai W, et al. 2014. The contribution of China's Grain to Green Program to carbon sequestration. Landscape Ecology, 29: 1675-1688.

Liu G, Wu X. 2014. Carbon storage and sequestration of national key ecological restoration programs in China: An introduction to special issue. Chinese Geographical Science, 24: 393.

Liu J, Li S, Ouyang Z, et al. 2008. Ecological and socioeconomic effects of China's policies for ecosystem services. Proceedings of the National Academy of Sciences of the United States of America, 105: 9477-9482.

Liu X, Zhang W, Cao J, et al. 2013. Carbon storages in plantation ecosystems in sand source areas of North Beijing, China. PLoS One, 8: e82208.

Shen H, Zhang W, Yang X, et al. 2014. Carbon storage capacity of different plantation types under Sandstorm Source Control Program in Hebei Province, China. Chinese Geographical Science, 24: 454-460.

Song X, Peng C, Zhou G, et al. 2014. Chinese Grain for Green Program led to highly increased soil organic carbon levels: A meta-analysis. Scientific Reports, 4: 4460.

Su C, Fu B. 2013. Evolution of ecosystem services in the Chinese Loess Plateau under climatic and land use changes. Global and Planetary Change, 101: 119-128.

Tan M, Li X. 2014. Does the Green Great Wall effectively decrease dust storm intensity in China? A study based on NOAA NDVI and weather station data. Land Use Policy, 43: 42-47.

Veste M, Breckle S W, Gao J, et al. 2006. The Green Great Wall: combating desertification in China. Geographische Rundschau, 2: 14-20.

Wang G, Innes J L, Lei J, et al. 2007. China's forestry reforms. Science, 318: 1556-1557.

Wei Y W, Dai L M, Fang X M, et al. 2013. Estimating forest ecosystem carbon storage under the Natural Forest Protection Program in Northeast China. Advanced Materials Research, 726: 4294-4297.

Wei Y, Yu D, Lewis B J, et al. 2014. Forest carbon storage and tree carbon pool dynamics under natural forest protection program in northeastern China. Chinese Geographical Science, 24: 397-405.

Wen H, Jiao J, Quan Q, et al. 2014. Carbon sequestration effects of shrublands in Three-North Shelterbelt Forest Region, China. Chinese Geographical Science, 24: 444-453.

World Bank. 2001. China-Air, Land and Water: Environmental Priorities for a New Millennium. Washington D. C.: World Bank.

Yin R, Yin G. 2010. China's primary programs of terrestrial ecosystem restoration: Initiation, implementation, and challenges. Environmental Management, 45: 429-441.

Zeng X, Zhang W, Cao J, et al. 2014. Changes in soil organic carbon, nitrogen, phosphorus, and bulk density after afforestation of the "Beijing-Tianjin Sandstorm Source Control" program in China. Catena, 118: 186-194.

Zhang K, Dang H, Tan S, et al. 2010. Change in soil organic carbon following the "Grain-for-Green" programme in China. Land Degradation & Development, 21: 13-23.

Zhang Y, Gu F, Liu S, et al. 2013. Variations of carbon stock with forest types in subalpine region of southwestern China. Forest Ecology & Management, 300: 88-95.

Zhou W, Lewis B J, Wu S, et al. 2014. Biomass carbon storage and its sequestration potential of afforestation under natural forest protection program in China. Chinese Geographical Science, 24: 406-413.